コレなら解ける！無線工学の計算問題

第二級アマチュア無線技士国家試験

計算問題突破塾

なあんだ,
そうなんだ！

第2集

こうすればむずかしい計算問題もスラスラ解ける!!

吉村和昭　著

東京電機大学出版局

はじめに

我が国における2019年度末のアマチュア無線技士無線従事者免許証の所有者は約350万人です．そのうち第二級アマチュア無線技士（二アマ）免許証の所有者は約8.3万人で，全体の約2.4%に過ぎません．2019年度の二アマ国家試験の申請者数は984名，受験者数が734名で合格者数351名，合格率は47.8%です．

二アマ国家試験の科目は「無線工学」と「法規」の2科目で，多くの問題は過去問題からの出題です．無線工学30問（試験時間は2時間）のうち，計算問題が5～6問出題されています．計算問題は一見難しい印象がありますが，与えられた数値が異なる場合もあるものの，基本的にはほとんどが過去問題からの出題です．したがって，一旦理解してしまえば，文章問題に比べて覚える内容も少なく，得意分野とすることも可能だと思います．しかも，確実に得点することができます．

一度泳げるようになれば何年も泳いでいなくても泳げますし，一度自転車に乗れるようになっていると何年も乗っていなくても乗ることができます．計算問題も水泳や自転車と似たところがあり，同じ問題について数回，自分で手を動かして計算して理解を深めておくと，ただ単に記憶した知識と違い，頭の中に長く残るのではないでしょうか．

二アマ国家試験の無線工学の計算問題の解法をしっかりとマスターされ，多くの方が資格を取得されることを願っています．

本書が，皆様の二アマ国家試験の受験の参考になれば幸いです．

2021年10月

筆者しるす

CONTENTS

本書の使い方

二アマ国家試験　無線工学の計算問題は，5～6問出題されますが，計算問題を解く上で大切なことは，その問題の正答を得るためには，どんなことが「ヒント」になっていてどの「公式」を使えば解くことができるかを知ることです．

そこで，本書では第1部として過去に出題された国家試験の計算問題を収録しており，問題ごとに「問題を解くヒント！」と「使う公式」を紹介しています．これらを踏まえて「一般的な解き方！」よりその問題の解法を身に付けてください．問題によってはもっと簡単に解くことができる「簡易な解き方！」の紹介やその問題に関連した「参考」も紹介しています．

また，問題を解くためのポイントなどは所々に登場するマスコットキャラクターが教えてくれますので，楽しく学習することができます．

次に，第2部として二アマに必要な公式集を紹介しています．本書に収録している問題以外にも二アマを目指す上でぜひ知っておきたい公式も紹介していますので，併せて学習することをお勧めします．また，意外に忘れがちな「計算法則」や「分数計算」などの数学の基礎も紹介しています．

計算問題の学習は何度も繰り返して解法を身に付けることが肝要ですので，本書を活用し，繰り返し問題にチャレンジしてください．

受験の手引き

実施時期　　毎年4月，8月，12月

申請時期　　4月の試験は，2月1日頃から2月20日頃まで
8月の試験は，6月1日頃から6月20日頃まで
12月の試験は，10月1日頃から10月20日頃まで

試験手数料　7,863円

申請方法　　公益財団法人日本無線協会（以下，「協会」という.）のホームページ（https://www.nichimu.or.jp/）からインターネットを利用して申請します．パソコンからの他，スマートフォンからの申請も可能です．

申請時に提出する写真　　デジタルカメラなどで撮影した顔写真を試験申請に際してアップロード（登録）します．受験の際には，顔写真の持参は不要です．

インターネットによる申請　　インターネットを利用して申請手続きを行うときの流れを次に示します．

① 協会のホームページから「無線従事者国家試験申請システム」にアクセスします．

② 「試験情報」画面から申請する国家試験の資格を選択します．

③ 「試験申請書作成」画面から住所，氏名などを入力し送信します．

④ 「申請完了」画面が表示されるので，画面の指示にしたがって，コンビニエンスストア又はペイジー（金融機関ATMやインターネットバンキング）によって試験手数料を支払います．

受験票の送付　　受験票は電子メールにより送付されます．受験の際には，自身で印刷して試験会場へ持参します．

試験結果の通知　　試験会場で知らされる試験結果の発表日以降になると，協会の結果発表のホームページで試験結果を確認することができます．また，試験結果通知書も結果発表のホームページでダウンロードすることができます．

最新の国家試験問題　　最近行われた国家試験問題と解答（直近の過去3回分）は，協会のホームページからダウンロードすることができますので，試験の実施前に，前回出題された試験問題をチェックするとよいでしょう．また，受験した国家試験問題は持ち帰れますので，試験終了後に発表される協会のホームページの解答によって，自己採点してあらかじめ合否を確認することができます．

第二級アマチュア無線技士

こうすればむずかしい計算問題も
スラスラ解ける!!

コレなら解ける！無線工学の計算問題

第1部
計算問題を解く

1 電気物理の計算問題を解く

例題−1 平行平板コンデンサの静電容量を求める問題

図に示す，平行平板コンデンサの静電容量の値として，正しいものを下の番号から選べ．ただし，電極の面積 S を 20〔cm^2〕(20×10^{-4}〔m^2〕)，電極間の距離 d を 1〔mm〕，真空の誘電率 ε_0 を 9×10^{-12}〔F/m〕及び誘電体の比誘電率 ε_r を 5 とする．

1　60〔pF〕
2　90〔pF〕
3　120〔pF〕
4　150〔pF〕
5　180〔pF〕

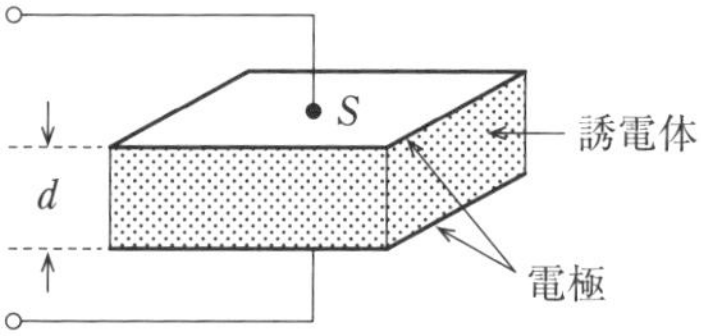

問題を解くヒント！

平行平板コンデンサの静電容量は，電極間の距離が小さくなると大きくなり，電極間に挿入する誘電体（絶縁体）の比誘電率が大きくなると大きくなる．

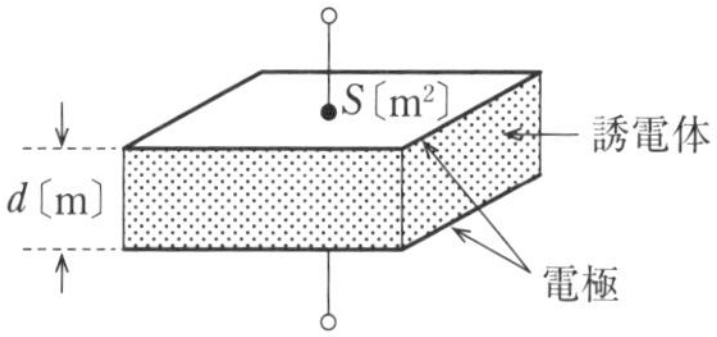

図 1.1

使う公式

図 1.1 のように，電極の面積が S〔m^2〕の二枚の電極板を距離 d〔m〕で配置したものを平行平板コンデンサといい，その静電容量の値 C〔F〕は，次式で表される．

$$C=\varepsilon_0\varepsilon_r\frac{S}{d}\text{〔F〕}$$

ただし，ε_0：真空中の誘電率で，$\varepsilon_0 \fallingdotseq 8.85\times10^{-12}$〔F/m〕

ε_r：誘電体（絶縁体）の比誘電率

静電容量 C の単位〔F〕は「ファラド」と読むよ．

一般的な解き方！

電極板の面積 S〔m^2〕，電極板間の距離 d〔m〕の平行平板コンデンサの静電容量 C〔F〕は，次式で表される．

$$C=\varepsilon_0\varepsilon_r\frac{S}{d}\text{〔F〕} \qquad \cdots\cdots(1)$$

ただし，ε_0：真空中の誘電率

ε_r：誘電体の比誘電率

式 (1) に $\varepsilon_0=9\times10^{-12}$〔F/m〕，$\varepsilon_r=5$，$S=20\times10^{-4}$〔$m^2$〕，$d=1$〔mm〕$=1\times10^{-3}$〔m〕を代入すると，

$$C=\varepsilon_0\varepsilon_r\frac{S}{d}=9\times10^{-12}\times5\times\frac{20\times10^{-4}}{1\times10^{-3}}$$

$$=9\times10^{-12}\times10^2\times10^{-4}\times10^3=9\times10^{-12+2-4+3}$$

$$=9\times10^{-11}=9\times10^{-12}\times10=90\times10^{-12}\text{〔F〕}=90\text{〔pF〕}$$

となる．

$\frac{1}{10^{-3}}=10^3$ だよ．

p（ピコ）は 10^{-12} だよ．

距離 d の単位を〔mm〕から〔m〕に変換して代入するよ．
m（ミリ）は 10^{-3} だよ．

正答 2

例題−2 直並列に接続されたコンデンサの端子間電圧を求める問題

図に示す回路において，端子 ab 間の電圧が 30〔V〕であるとき，端子 cd 間の電圧の値として，正しいものを下の番号から選べ．ただし，電圧を加える前の各コンデンサに蓄えられている電荷の量は，零とする．

1　10〔V〕
2　15〔V〕
3　20〔V〕
4　25〔V〕

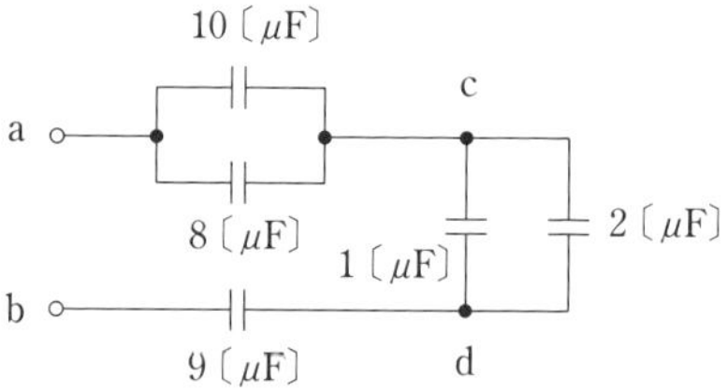

問題を解くヒント！

直列接続されているコンデンサに電圧を加えると，コンデンサに蓄えられる電荷は同じになる．

使う公式

(1) 静電容量 C〔F〕のコンデンサに電圧 V〔V〕を加えると，コンデンサに蓄えられる電荷 Q〔C〕は，次式で表される．

$Q=CV$〔C〕

電荷 Q の単位〔C〕は「クーロン」と読むよ．

(2) 静電容量が C_1〔F〕及び C_2〔F〕のコンデンサを並列接続したときの並列合成静電容量 C_P〔F〕は，次式で表される．

$$C_P=C_1+C_2 \text{〔F〕} \quad \cdots\cdots ①$$

(3) 静電容量が C_1〔F〕及び C_2〔F〕のコンデンサを直列接続したときの直列合成静電容量 C_S〔F〕は，次式で表される．

$$C_S=\frac{1}{\dfrac{1}{C_1}+\dfrac{1}{C_2}}=\frac{C_1\times C_2}{C_1+C_2} \text{〔F〕} \quad \cdots\cdots ②$$

(4) 静電容量が C_1〔F〕，C_2〔F〕，C_3〔F〕のコンデンサを直列接続したときの直列合成静電容量 C_S〔F〕は，次式で表される．

$$C_S = \frac{1}{\dfrac{1}{C_1} + \dfrac{1}{C_2} + \dfrac{1}{C_3}} \text{〔F〕} \qquad \cdots\cdots③$$

コンデンサが3個以上直列に接続される場合は，
式③を使うよ．
コンデンサが2個のときは，式②が便利だね．

一般的な解き方！

ac間のコンデンサは並列接続なので，並列合成静電容量C_{ac}〔F〕は，

$C_{ac} = 10 + 8 = 18$〔μF〕

となる．

cd間のコンデンサは並列接続なので，並列合成静電容量C_{cd}〔F〕は，

$C_{cd} = 1 + 2 = 3$〔μF〕

となる．

db間の静電容量を$C_{db} = 9$〔μF〕とすると，C_{ac}，C_{cd}，C_{db}は直列接続なので，ab間の直列合成静電容量C_{ab}〔F〕は，

$$C_{ab} = \frac{1}{\dfrac{1}{C_{ac}} + \dfrac{1}{C_{cd}} + \dfrac{1}{C_{db}}} = \frac{1}{\dfrac{1}{18} + \dfrac{1}{3} + \dfrac{1}{9}} = \frac{1}{\dfrac{1+6+2}{18}}$$

$$= \frac{18}{9} = 2 \text{〔μF〕} = 2 \times 10^{-6} \text{〔F〕}$$

$\dfrac{1}{\dfrac{9}{18}} = \dfrac{18}{9}$ だよ．

μ(マイクロ)は 10^{-6} だよ．

となる．

ab間の電圧$V = 30$〔V〕であるので，蓄えられる電荷Q〔C〕は，

$Q = C_{ab}V = 2 \times 10^{-6} \times 30 = 60 \times 10^{-6}$〔C〕

よって，cd間の電圧V_{cd}〔V〕は，cd間の静電容量$C_{cd} = 3$〔μF〕$= 3 \times 10^{-6}$〔F〕であるので，

$$V_{cd} = \frac{Q}{C_{cd}} = \frac{60 \times 10^{-6}}{3 \times 10^{-6}} = 20 \text{〔V〕}$$

となる．

$Q = CV$より，$V = \dfrac{Q}{C}$ だよ．

簡易的な解き方！

ac間のコンデンサは並列接続なので，並列合成静電容量C_{ac}〔F〕は，

$C_{ac} = 10 + 8 = 18$〔μF〕

となる．

cd間のコンデンサは並列接続なので，並列合成静電容量C_{cd}〔F〕は，

$C_{cd} = 1 + 2 = 3$〔μF〕

となる．

db間の静電容量を $C_{db}=9$〔μF〕とすると，C_{ac}，C_{cd}，C_{db} は直列接続なので，ab間の直列合成静電容量 C_{ab}〔F〕は，

$$C_{ab}=\frac{1}{\frac{1}{C_{ac}}+\frac{1}{C_{cd}}+\frac{1}{C_{db}}}=\frac{1}{\frac{1}{18}+\frac{1}{3}+\frac{1}{9}}=\frac{1}{\frac{1+6+2}{18}}=\frac{18}{9}=2\,〔\mu\mathrm{F}〕$$

となる．

ab間の電圧 $V=30$〔V〕であるので，cd間の電圧 V_{cd}〔V〕は，$V_{cd}=\dfrac{Q}{C_{cd}}=\dfrac{C_{ab}V}{C_{cd}}$ に数値を代入すればよいが，$\dfrac{C_{ab}}{C_{cd}}$ は〔μF〕単位のまま代入すればよいので，

$$V_{cd}=\frac{Q}{C_{cd}}=\frac{C_{ab}V}{C_{cd}}=\frac{2\times 30}{3}=20\,〔\mathrm{V}〕$$

となる．

正答 3

参 考

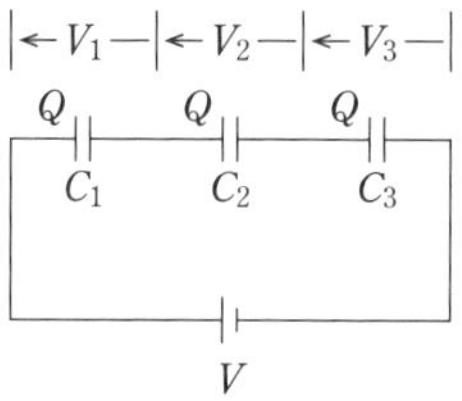

図 1.2

$$C=\frac{1}{\frac{1}{C_1}+\frac{1}{C_2}+\frac{1}{C_3}}$$

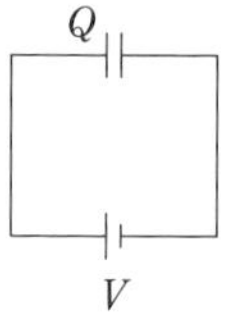

図 1.3

図 1.2 のように，静電容量が C_1〔F〕，C_2〔F〕，C_3〔F〕の3個のコンデンサが直列に接続されている場合，3個のコンデンサに蓄えられる電荷 Q〔C〕は同じになる．C_1 の両端の電圧を V_1〔V〕，C_2 の両端の電圧を V_2〔V〕，C_3 の両端の電圧を V_3〔V〕とすると，次式が成立する．

$$Q=C_1V_1=C_2V_2=C_3V_3 \qquad \cdots\cdots (1)$$

$C=\dfrac{1}{\frac{1}{C_1}+\frac{1}{C_2}+\frac{1}{C_3}}$ であるので，**図 1.2** は**図 1.3** のように書き換えることができる．

$$Q=CV \qquad \cdots\cdots (2)$$

式 (1) より，

$$V_1=\frac{Q}{C_1} \qquad \cdots\cdots (3)$$

式 (2) を式 (3) に代入すると，

$$V_1=\frac{Q}{C_1}=\frac{CV}{C_1} \qquad \cdots\cdots(4)$$

式 (1) より，

$$V_2=\frac{Q}{C_2} \qquad \cdots\cdots(5)$$

式 (2) を式 (5) に代入すると，

$$V_2=\frac{Q}{C_2}=\frac{CV}{C_2} \qquad \cdots\cdots(6)$$

式 (1) より，

$$V_3=\frac{Q}{C_3} \qquad \cdots\cdots(7)$$

式 (2) を式 (7) に代入すると，

$$V_3=\frac{Q}{C_3}=\frac{CV}{C_3} \qquad \cdots\cdots(8)$$

となる．

例題−3　並列に接続されたコンデンサの電荷の値を求める問題

図に示す回路において，静電容量 22〔μF〕のコンデンサに蓄えられている電荷が 16〔μC〕であるとき，静電容量 33〔μF〕のコンデンサに蓄えられている電荷の値として，正しいものを下の番号から選べ．

1　16〔μC〕
2　24〔μC〕
3　33〔μC〕
4　45〔μC〕

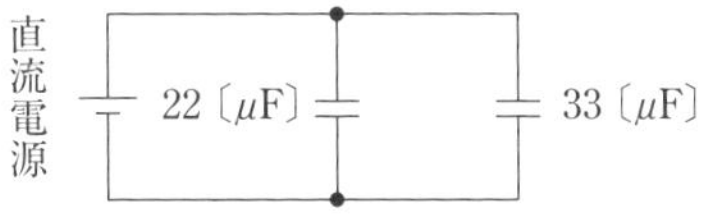

問題を解くヒント！

並列接続されているコンデンサには，同じ電圧が加わる．

使う公式

「例題−2」の電荷を求める公式を使う．

一般的な解き方！

直流電源の電圧を V〔V〕，$C_1=22$〔μF〕$=22\times10^{-6}$〔F〕，$C_2=33$〔μF〕$=33\times10^{-6}$〔F〕とする．

コンデンサが並列接続されているので，C_1，C_2 に加わる電圧は同じ電圧 V〔V〕である．

C_1 に蓄えられている電荷を Q_1〔C〕とすると，$Q_1=16$〔μC〕$=16\times10^{-6}$〔C〕であるので，

$$V=\frac{Q_1}{C_1}=\frac{16\times10^{-6}}{22\times10^{-6}}=\frac{8}{11}\ \text{〔V〕}$$

よって，C_2 に蓄えられている電荷を Q_2〔C〕とすると，

$$Q_2=C_2V=33\times10^{-6}\times\frac{8}{11}=3\times8\times10^{-6}=24\times10^{-6}\ \text{〔C〕}=24\ \text{〔}\mu\text{C〕}$$

となる．

簡易的な解き方！

C_1，C_2，Q_1 がそれぞれ〔μF〕単位であるので，次のように 10^{-6} を省略し，〔μF〕単位のまま計算する．

直流電源の電圧を V〔V〕，$C_1=22$〔μF〕，$C_2=33$〔μF〕とする．C_1 に蓄えられている電荷を Q_1〔C〕とすると，$Q_1=16$〔μC〕であるので，

$$V=\frac{Q_1}{C_1}=\frac{16}{22}=\frac{8}{11}\ \text{〔V〕}$$

よって，C_2 に蓄えられている電荷を Q_2〔C〕とすると，

$$Q_2=C_2V=33\times\frac{8}{11}=3\times8=24\ \text{〔}\mu\text{C〕}$$

となる．

正答 2

例題－4　コンデンサの静電容量と蓄えられる電荷の量を求める問題

図に示す静電容量の等しいコンデンサ C_1，C_2，C_3 及び C_4 からなる回路に 9〔V〕の直流電圧を加えたところ，コンデンサ C_1 には 6〔μC〕の電荷が蓄えられた．各コンデンサの静電容量の値とコンデンサ C_4 に蓄えられている電荷の値の組合せとして，正しいものを下の番号から選べ．

	静電容量	C_4 の電荷
1	3〔μF〕	6〔μC〕
2	3〔μF〕	18〔μC〕
3	2〔μF〕	6〔μC〕
4	2〔μF〕	18〔μC〕

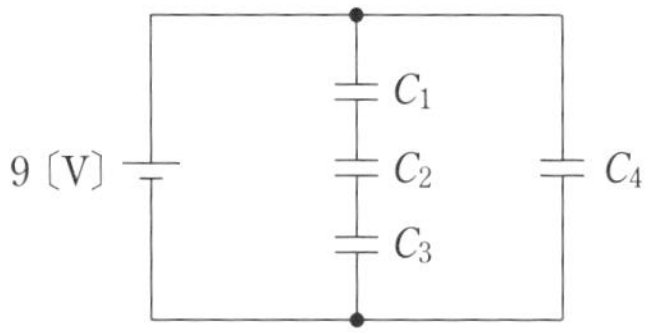

問題を解くヒント！

(1) 並列接続されているコンデンサには，同じ電圧が加わる．

(2) 直列接続されている静電容量の等しいコンデンサに電圧を加えると，各コンデンサには同じ電圧が加わる．

使う公式

「例題－2」の電荷を求める公式を使う．

一般的な解き方！

題意より，コンデンサ C_1，C_2，C_3 の静電容量は等しいので，各コンデンサに加わる電圧 V〔V〕は 9〔V〕が 3 分割されるので，$V=3$〔V〕となる．

C_1 に $Q=6$〔μC〕$=6\times10^{-6}$〔C〕の電荷が蓄えられたので，C_1 の静電容量は，

$$C_1=\frac{Q}{V}=\frac{6\times10^{-6}}{3}=2\times10^{-6}\,〔\mathrm{F}〕=\underline{2\,〔\mu\mathrm{F}〕}$$

よって，C_4 に蓄えられる電荷を Q_4 とすると，題意より，$C_1=C_4$ なので，

$$Q_4=C_4\times9=C_1\times9=2\times10^{-6}\times9=18\times10^{-6}\,〔\mathrm{C}〕=\underline{18\,〔\mu\mathrm{C}〕}$$

となる．

正答 4

例題−5　直列接続のコンデンサの合成静電容量と印加可能な最大電圧を求める問題

図に示すように耐圧50〔V〕で静電容量30〔μF〕のコンデンサと，耐圧150〔V〕で静電容量20〔μF〕のコンデンサを直列に接続したとき，合成静電容量Cの値及びその両端に加えることができる最大電圧Vの値として，正しい組合せを下の番号から選べ．ただし，各コンデンサは，接続前に電荷は蓄えられていないものとする．

	C	V
1	12〔μF〕	50〔V〕
2	12〔μF〕	100〔V〕
3	12〔μF〕	125〔V〕
4	50〔μF〕	50〔V〕
5	50〔μF〕	100〔V〕

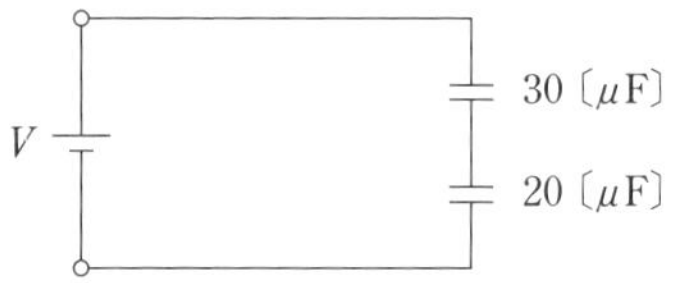

問題を解くヒント！

直列接続されているコンデンサに電圧を加えると，各コンデンサに同じ電荷が蓄えられる．

使う公式

(1)「例題−2」の直列合成静電容量を求める公式を使う．
(2)「例題−2」の電荷を求める公式を使う．

一般的な解き方！

コンデンサC_1=30〔μF〕，C_2=20〔μF〕とすると，直列合成静電容量C〔μF〕は，

$$C=\frac{C_1\times C_2}{C_1+C_2}=\frac{30\times 20}{30+20}=\frac{600}{50}=\underline{12〔\mu F〕}$$

となる．

C_1の両端の電圧をV_1〔V〕，C_2の両端の電圧をV_2〔V〕とする．直列接続されたコンデンサC_1，C_2に電圧を加えると，C_1，C_2には同じ電荷Qが蓄えられる．

耐圧50〔V〕のC_1=30〔μF〕=30×10^{-6}〔F〕に耐圧上限の50〔V〕を加えると，蓄えられる電荷Q_1〔C〕は，

$$Q_1=C_1\times 50=30\times 10^{-6}\times 50=1{,}500\times 10^{-6}〔C〕 \quad \cdots\cdots (1)$$

耐圧 150〔V〕の $C_2=20$〔μF〕$=20\times10^{-6}$〔F〕に耐圧上限の 150〔V〕を加えると，蓄えられる電荷 Q_2〔C〕は，

$$Q_2=C_2\times150=20\times10^{-6}\times150=3{,}000\times10^{-6}\text{〔C〕} \qquad \cdots\cdots (2)$$

C_1，C_2 には同じ電荷が蓄えられなければならない．C_1 に蓄えられる電荷が式 (1) の値ときに直列回路に加えることができる最大電圧となる．

C_2 に加えることのできる最大電圧 V_2〔V〕は，

$$V_2=\frac{Q_1}{C_2}=\frac{1{,}500\times10^{-6}}{20\times10^{-6}}=75\text{〔V〕}$$

よって，C_1，C_2 の直列回路に加えることのできる最大電圧〔V〕V は，$V_1=50$〔V〕とすると，

$$V=V_1+V_2=50+75=\underline{125\text{〔V〕}}$$

となる．

簡易的な解き方！

電圧 V〔V〕を加えると C_1，C_2 には同じ電荷が蓄えられる．C_1，C_2 に加わる電圧をそれぞれ V_1〔V〕，V_2〔V〕とすると，

$$C_1V_1=C_2V_2 \qquad \cdots\cdots (1)$$

となる．

式 (1) に $C_1=30$〔μF〕$=30\times10^{-6}$〔F〕，$C_2=20$〔μF〕$=20\times10^{-6}$〔F〕を代入すると，

$$30\times10^{-6}V_1=20\times10^{-6}V_2 \qquad \cdots\cdots (2)$$

式 (2) より，

$$3V_1=2V_2 \qquad \cdots\cdots (3)$$

式 (3) より，

$$V_2=\frac{3}{2}V_1 \qquad \cdots\cdots (4)$$

C_1 に耐圧上限の $V_1=50$〔V〕を加えると，V_2〔V〕は式 (4) より，

$$V_2=\frac{3}{2}V_1=\frac{3\times50}{2}=\frac{150}{2}=75\text{〔V〕}$$

よって，直列接続されたコンデンサ C_1，C_2 の両端に加えることのできる最大電圧 V〔V〕は，

$$V=V_1+V_2=50+75=\underline{125\text{〔V〕}}$$

となる．

正答 3

例題−6　直列に接続されたコンデンサに印加できる最大電圧を求める問題

図に示すように耐圧 25〔V〕で静電容量 30〔μF〕のコンデンサ C_1 と，耐圧 60〔V〕で静電容量 10〔μF〕のコンデンサ C_2 を直列に接続したとき，その両端に加えることができる最大電圧 V の値として，正しいものを下の番号から選べ．ただし，各コンデンサは，接続前に電荷は蓄えられていないものとする．

1　20〔V〕
2　40〔V〕
3　80〔V〕
4　160〔V〕

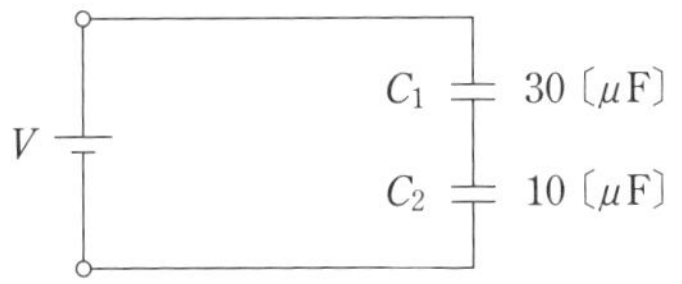

問題を解くヒント！

直列接続されているコンデンサに電圧を加えると，各コンデンサに同じ電荷が蓄えられる．

使う公式

(1)「例題−2」の直列合成静電容量を求める公式を使う．

(2)「例題−2」の電荷を求める公式を使う．

一般的な解き方！

C_1 の両端の電圧を V_1〔V〕，C_2 の両端の電圧を V_2〔V〕とする．直列接続されたコンデンサ C_1，C_2 に電圧 V〔V〕を加えると，C_1，C_2 には同じ電荷 Q が蓄えられる．

耐圧 25〔V〕の $C_1=30$〔μF〕$=30\times10^{-6}$〔F〕に耐圧上限の 25〔V〕を加えると，蓄えられる電荷 Q_1〔C〕は，

$$Q_1=C_1\times25=30\times10^{-6}\times25=750\times10^{-6}\ \text{〔C〕} \qquad \cdots\cdots (1)$$

耐圧 60〔V〕の $C_2=10$〔μF〕$=10\times10^{-6}$〔F〕に耐圧上限の 60〔V〕を加えると，蓄えられる電荷 Q_2〔C〕は，

$$Q_2=C_2\times60=10\times10^{-6}\times60=600\times10^{-6}\ \text{〔C〕} \qquad \cdots\cdots (2)$$

C_1，C_2 には同じ電荷が蓄えられなければならない．C_2 に蓄えられる電荷が式 (2) の値のときに直列回路に加えることができる最大電圧となる．

C_1 に加えることのできる最大電圧 V_1〔V〕は，

$$V_1=\frac{Q_2}{C_1}=\frac{600\times10^{-6}}{30\times10^{-6}}=20\ 〔\mathrm{V}〕$$

よって，C_1，C_2 の直列回路に加えることのできる最大電圧 V〔V〕は，$V_2=60$〔V〕とすると，

$$V=V_1+V_2=20+60=80\ 〔\mathrm{V}〕$$

となる．

簡易的な解き方！

電圧 V〔V〕を加えると C_1，C_2 には同じ電荷が蓄えられる．C_1，C_2 に加わる電圧をそれぞれ V_1〔V〕，V_2〔V〕とすると，

$$C_1V_1=C_2V_2 \quad \cdots\cdots (1)$$

となる．

式 (1) に $C_1=30$〔μF〕$=30\times10^{-6}$〔F〕，$C_2=10$〔μF〕$=10\times10^{-6}$〔F〕を代入すると，

$$30\times10^{-6}V_1=10\times10^{-6}V_2 \quad \cdots\cdots (2)$$

式 (2) より，

$$3V_1=V_2 \quad \cdots\cdots (3)$$

式 (3) より，

$$V_1=\frac{V_2}{3} \quad \cdots\cdots (4)$$

C_2 に耐圧上限の $V_2=60$〔V〕を加えると，V_1〔V〕は式 (4) より，

$$V_1=\frac{V_2}{3}=\frac{60}{3}=20\ 〔\mathrm{V}〕$$

よって，直列接続されたコンデンサ C_1，C_2 の両端に加えることのできる最大電圧 V〔V〕は，

$$V=V_1+V_2=20+60=80\ 〔\mathrm{V}〕$$

となる．

正答 3

例題－7　コンデンサを並列に付加したときの静電容量の値を求める問題

図に示す回路において，スイッチ S を閉じてコンデンサ C を接続したところ，端子 ab 間の合成静電容量が 6〔μF〕になった．接続した C の静電容量の値として，正しいものを次の番号から選べ．

ニアマ対応

1　2〔μF〕
2　4〔μF〕
3　8〔μF〕
4　16〔μF〕
5　20〔μF〕

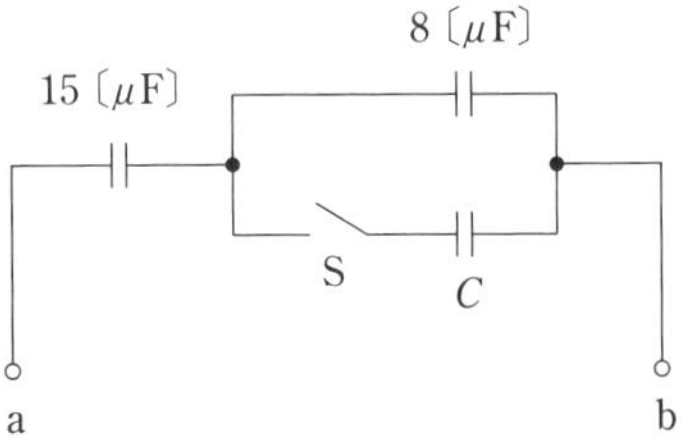

問題を解くヒント！

スイッチ S を閉じた（接にした）ときの合成静電容量を求める.

使う公式

(1)「例題－2」の並列合成静電容量を求める公式を使う.
(2)「例題－2」の直列合成静電容量を求める公式を使う.

一般的な解き方！

スイッチ S を閉じたときの，8〔μF〕と C〔μF〕の並列合成静電容量は $(8+C)$〔μF〕となる．ab 間の合成静電容量 C_{ab}〔μF〕は，

$$C_{ab}=\frac{15\times(8+C)}{15+(8+C)} \qquad \cdots\cdots(1)$$

$C_{ab}=6$〔μF〕であるので，式 (1) は，

$$\frac{15\times(8+C)}{15+(8+C)}=6 \qquad \cdots\cdots(2)$$

$\frac{a}{b}=c$ は $a=bc$ だよ.

式 (2) より，

$$15(8+C)=6\{15+(8+C)\} \qquad \cdots\cdots(3)$$

式 (3) の両辺を 3 で割ると，

$$5(8+C)=2\{15+(8+C)\}$$

$$5(8+C)=2(23+C)$$

$$40+5C=46+2C$$

$$5C-2C=46-40$$

$$3C=6$$

単位がすべて〔μF〕なので
〔μ〕のまま計算していいよ.

よって，$C=2$〔μF〕
となる.

正答 1

例題－8　コンデンサに蓄えられるエネルギーを求める問題

コンデンサに直流電圧 100〔V〕を加えたとき，0.5〔C〕の電荷が蓄えられた．このときコンデンサに蓄えられたエネルギーの値として，正しいものを下の番号から選べ．

1　5〔J〕　　2　25〔J〕　　3　50〔J〕　　4　100〔J〕　　5　250〔J〕

問題を解くヒント！

静電容量 C〔F〕のコンデンサに，電圧 V〔V〕を加えると，コンデンサの電極間の電位差が V〔V〕になったときに，充電が完了する．

使う公式

コンデンサは電圧を加えると瞬間的に電荷が蓄えられるのではなく，**図 1.4** のようにコンデンサの両端の電圧の上昇とともに電荷が増加し，電位差が V〔V〕になったときに，充電が完了する．電圧が 0〔V〕から V〔V〕になるまで充電するのに必要な仕事 W〔J〕は，三角形OAB の面積で求めることができ，この仕事をコンデンサはエネルギーとして蓄える．エネルギー W〔J〕は，次式で表される．

$$W=\frac{1}{2}QV\text{〔J〕}$$

仕事 W の単位〔J〕は「ジュール」と読むよ．

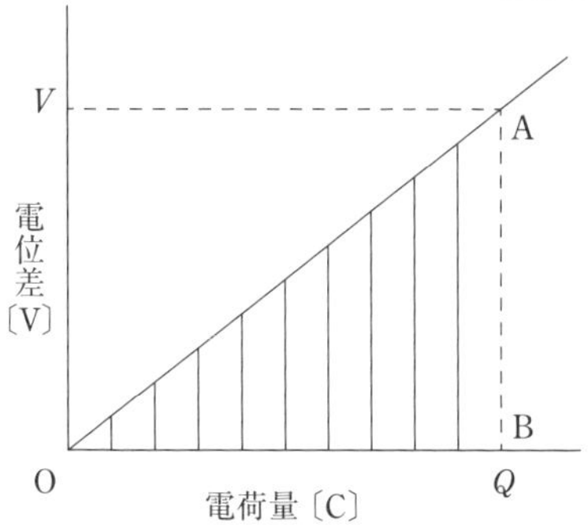

図 1.4　コンデンサに蓄えられるエネルギー

一般的な解き方！

コンデンサに蓄えられる電荷を Q〔C〕，コンデンサに加わる電圧を V〔V〕とすると，コンデンサに蓄えられるエネルギー W〔J〕は，次式で表される．

$$W=\frac{1}{2}QV\text{〔J〕} \qquad \cdots\cdots(1)$$

式 (1) に題意の数値を代入すると，

$$W=\frac{1}{2}\times 0.5\times 100=\frac{1}{2}\times 50=25\text{〔J〕}$$

となる．

正答 2

例題－9　直線導体から離れた点の磁界の強さを求める問題

図に示す無限長の直線導体 D から 20〔cm〕離れた円周上の P 点における磁界の強さ H の値として，最も近いものを下の番号から選べ．ただし，導体には 10〔A〕の直流電流が流れているものとする．

1　3〔A/m〕
2　8〔A/m〕
3　16〔A/m〕
4　25〔A/m〕
5　40〔A/m〕

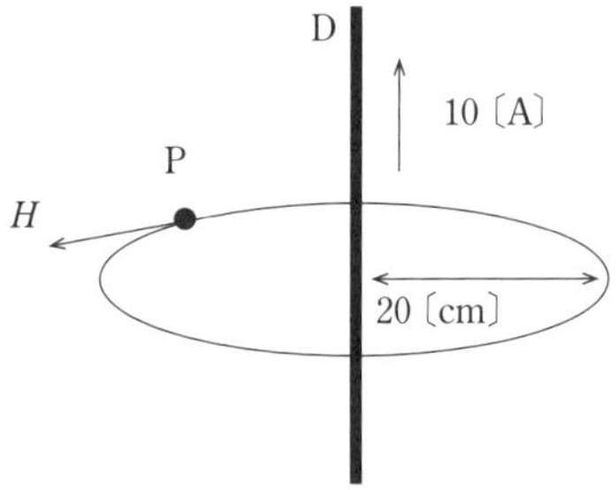

問題を解くヒント！

無限長の直線導体に流れる電流が作る磁界は導線に垂直な平面内で電流を中心とする同心円になる．

使う公式

図 1.5 のように無限長の直線導体に流れる電流を I〔A〕とすると，直線導体から r〔m〕離れた点の磁界の強さ H〔A/m〕は，次式で表される．

$$H=\frac{I}{2\pi r}\text{〔A/m〕}$$

磁界の強さ H の単位〔A/m〕は「アンペア毎メートル」と読むよ．

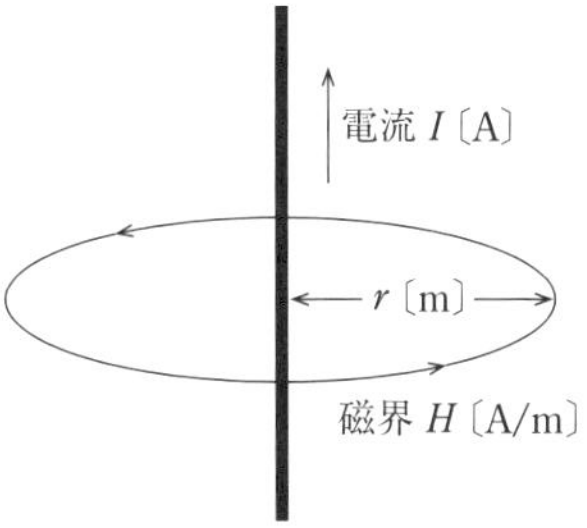

図 1.5　電流と磁界の関係（アンペールの法則）

一般的な解き方!

電流$I=10$〔A〕，直線導体Dからの距離$r=20$〔cm〕$=0.2$〔m〕とすると，磁界の強さH〔A/m〕は，

$$H=\frac{I}{2\pi r}=\frac{10}{2\times 3.14\times 0.2}=\frac{10}{1.256}\fallingdotseq 8\ 〔\mathrm{A/m}〕$$

となる.

$\pi \fallingdotseq 3.14$だよ.

c(センチ)は10^{-2}だから,
20〔cm〕は0.2〔m〕だよ.

正答 2

例題−10　直列に接続されたコイルの合成インダクタンスを求める問題

図に示す回路において，直列に接続されたコイルL_1及びL_2のインダクタンスがそれぞれ160〔μH〕及び80〔μH〕，端子ab間の合成インダクタンスが100〔μH〕であるとき，相互インダクタンスMの値として，正しいものを下の番号から選べ.

1　50〔μH〕
2　60〔μH〕
3　70〔μH〕
4　90〔μH〕
5　110〔μH〕

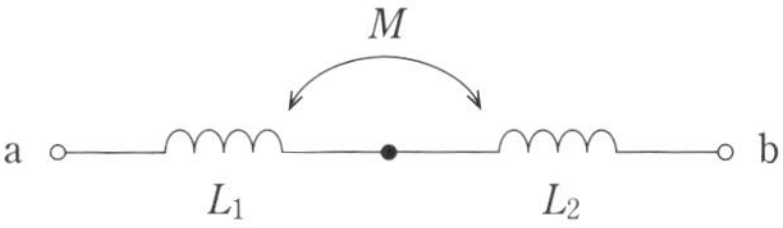

問題を解くヒント！

コイルの接続が和動接続か差動接続かを判別する．

使う公式

図 1.6 に示すように，自己インダクタンス L_1〔H〕のコイル A と，自己インダクタンス L_2〔H〕のコイル B が直列に接続されているとする．矢印方向に電流を流すと，L_1〔H〕による磁束 Φ_1〔Wb〕と L_2〔H〕のよる磁束 Φ_2〔Wb〕は同じ方向になるので,「和動接続」となる．L_1 と L_2 の相互インダクタンス M〔H〕は，次式で表される．

$M=k\sqrt{L_1L_2}$〔H〕　　……①

漏れ磁束がない場合，$k=1$ なので，M〔H〕は，次式で表される．

$M=\sqrt{L_1L_2}$〔H〕　　……②

ab 間の合成インダクタンス L_{ab}〔H〕は，次式で表される．

$L_{ab}=L_1+L_2+2M$〔H〕　　……③

インダクタンスの単位〔H〕は「ヘンリー」と読み，磁束Φ（ファイ）の単位〔Wb〕は「ウェーバ」と読むよ．

図 1.7 に示すように，自己インダクタンス L_1〔H〕のコイル A と，自己インダクタンス L_2〔H〕のコイル B が直列に接続されているとする．矢印方向に電流を流すと，L_1〔H〕による磁束 Φ_1〔Wb〕と L_2〔H〕のよる磁束 Φ_2〔Wb〕は逆方向になるので,「差動接続」となる．L_1 と L_2 の相互インダクタンスを M〔H〕とすると，ab 間の合成インダクタンス L_{ab}〔H〕は，次式で表される．

$L_{ab}=L_1+L_2-2M$〔H〕　　……④

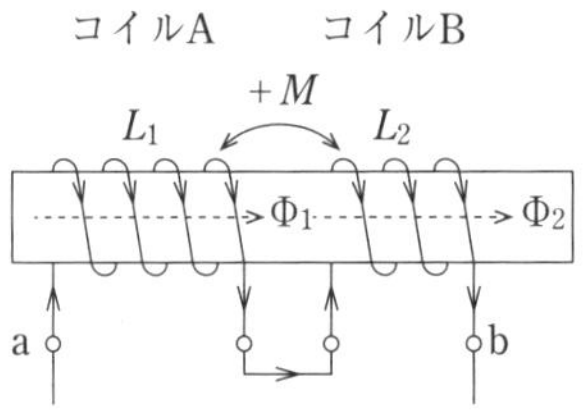

図 1.6　和動接続

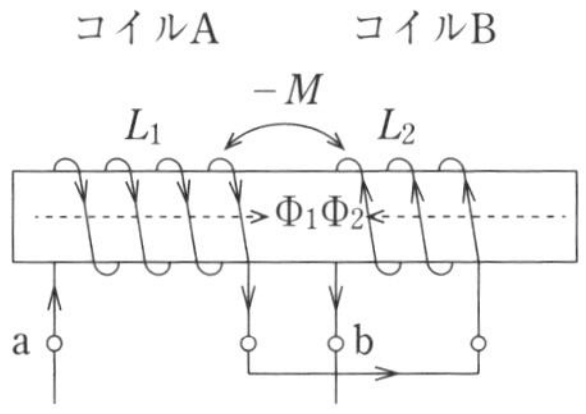

図 1.7　差動接続

$M=k\sqrt{L_1L_2}$ の k を結合係数というよ．漏れ磁束がない場合は $k=1$，漏れ磁束がある場合は $k<1$ となるよ．

近接している二つのコイルの一方のコイルの電流が変化すると，もう一方のコイルに起電力が発生するよ．この現象を相互誘導と呼び，相互誘導の働く程度を示すものを相互インダクタンスといい，M で表すよ．

一般的な解き方！

ab 間の合成インダクタンス $L_{ab}=100$〔μH〕$=100\times10^{-6}$〔H〕，$L_1=160$〔μH〕$=160\times10^{-6}$〔H〕，$L_2=80$〔μH〕$=80\times10^{-6}$〔H〕の数値より，設問の図は「差動接続」であることがわかるので，次式に題意の数値を代入して M〔H〕を求めると，

$$L_{ab}=L_1+L_2-2M$$

$$100\times10^{-6}=160\times10^{-6}+80\times10^{-6}-2M \quad \cdots\cdots (1)$$

式 (1) より，

$$2M=160\times10^{-6}+80\times10^{-6}-100\times10^{-6} \quad \cdots\cdots (2)$$

式 (2) より，

$$M=\frac{160\times10^{-6}+80\times10^{-6}-100\times10^{-6}}{2}=\frac{140\times10^{-6}}{2}$$

$$=70\times10^{-6}\,〔\mathrm{H}〕=70\,〔\mu\mathrm{H}〕$$

となる．

L_{ab} が L_1+L_2 よりも小さいので差動接続になるよ．

簡易的な解き方！

ab 間の合成インダクタンス $L_{ab}=100$〔μH〕，$L_1=160$〔μH〕，$L_2=80$〔μH〕の数値より，設問の図は「差動接続」であることがわかる．単位がすべて〔μH〕で与えられているので，〔μH〕単位のまま計算すると楽になる．

次式に題意の数値を〔μH〕の単位のまま代入して M〔H〕を求めると，

$$L_{ab}=L_1+L_2-2M$$

$$100=160+80-2M \quad \cdots\cdots (1)$$

式 (1) より，

$$2M=160+80-100 \quad \cdots\cdots (2)$$

式 (2) より，

$$M=\frac{160+80-100}{2}=\frac{140}{2}=70\,〔\mu\mathrm{H}〕$$

となる．

正答 3

例題−11　直列に接続されたコイルの合成インダクタンスを求める問題

図に示す回路において，コイルに生じる磁束が同じ向きになるように直列に接続した，コイル L_1 及び L_2 のインダクタンスがそれぞれ 80〔μH〕及び 20〔μH〕，端子 ab 間の合成インダクタンスが 180〔μH〕であるとき，相互インダクタンス M の値として，正しいものを下の番号から選べ.

1　20〔μH〕
2　40〔μH〕
3　60〔μH〕
4　80〔μH〕

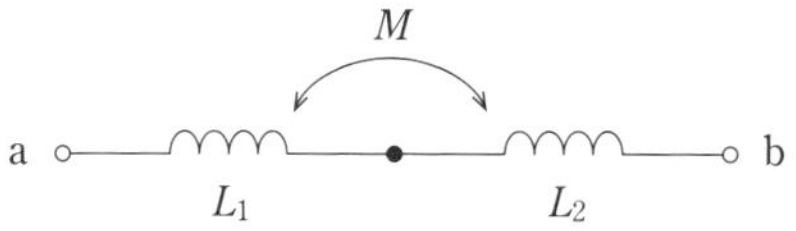

問題を解くヒント！

コイルの接続が和動接続か差動接続かを判別する.

磁束が同じ向きになるように接続されているので「和動接続」だね.

使う公式

「例題−10」の和動接続，差動接続の公式を使う.

一般的な解き方！

ab間の合成インダクタンス $L_{ab}=180$〔μH〕$=180\times10^{-6}$〔H〕，$L_1=80$〔μH〕$=80\times10^{-6}$〔H〕，$L_2=20$〔μH〕$=20\times10^{-6}$〔H〕の数値より，問題図は「和動接続」であることがわかる.

よって，次式に題意の数値を代入して M〔H〕を求めると，

$$L_{ab}=L_1+L_2+2M$$

$$180\times10^{-6}=80\times10^{-6}+20\times10^{-6}+2M \quad \cdots\cdots (1)$$

式 (1) より，

$$2M=180\times10^{-6}-80\times10^{-6}-20\times10^{-6} \quad \cdots\cdots (2)$$

式 (2) より，

$$M=\frac{180\times10^{-6}-80\times10^{-6}-20\times10^{-6}}{2}=\frac{80\times10^{-6}}{2}$$

$= 40 \times 10^{-6}$〔H〕$= 40$〔μH〕

となる．

題意の「コイルに生じる磁束が同じ向きになるように直列に接続した」からも「和動接続」であることがわかるね．

簡易的な解き方！

ab間の合成インダクタンス $L_{ab} = 180$〔μH〕，$L_1 = 80$〔μH〕，$L_2 = 20$〔μH〕の数値より，設問の図は「和動接続」であることがわかる．単位がすべて〔μH〕で与えられているので，〔μH〕単位のまま計算すると楽になる．

次式に題意の数値を〔μH〕の単位のまま代入して M〔H〕を求めると，

$$L_{ab} = L_1 + L_2 + 2M$$

$$180 = 80 + 20 + 2M \qquad \cdots\cdots (1)$$

式 (1) より，

$$2M = 180 - 80 - 20 \qquad \cdots\cdots (2)$$

式 (2) より，

$$M = \frac{180 - 80 - 20}{2} = \frac{80}{2} = 40 \text{〔}\mu\text{H〕}$$

となる．

正答 2

2 電気回路の計算問題を解く

例題－1　抵抗回路の端子間電圧を求める問題

図に示す回路において，端子 ab 間に直流電圧を加えたところ，5〔Ω〕の抵抗に 0.6〔A〕の電流が流れた．端子 ab 間に加えられた電圧の値として，正しいものを下の番号から選べ．

1　8.5〔V〕
2　10.5〔V〕
3　11.5〔V〕
4　12.8〔V〕
5　15.8〔V〕

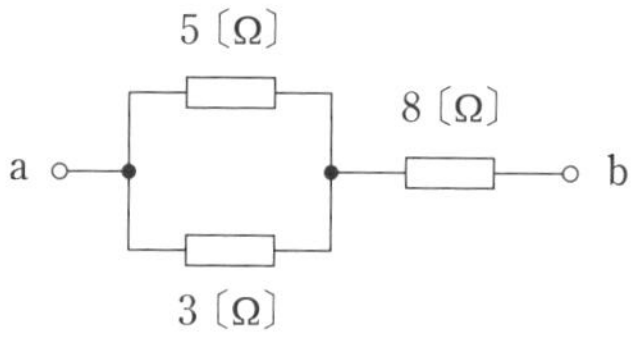

問題を解くヒント！

分岐電流は，抵抗値に反比例する．

使う公式

(1) 電流を I〔A〕，電圧を V〔V〕，抵抗を R〔Ω〕とすると，オームの法則より次式が成立する．

$$I=\frac{V}{R}\text{〔A〕} \quad , \quad V=IR\text{〔V〕} \quad , \quad R=\frac{V}{I}\text{〔Ω〕}$$

(2) 図 2.1 において，回路電流が I_3〔A〕のとき，分岐電流 I_1〔A〕と I_2〔A〕は，次式で表される．

$$I_1=I_3\times\frac{R_2}{R_1+R_2}\text{〔A〕}$$

$$I_2 = I_3 \times \frac{R_1}{R_1 + R_2} \text{〔A〕}$$

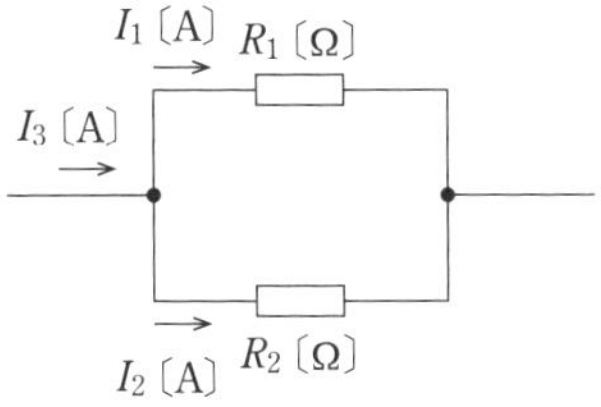

図 2.1

一般的な解き方！

それぞれの抵抗を $R_1=5$〔Ω〕，$R_2=3$〔Ω〕，$R_3=8$〔Ω〕とし，それぞれの抵抗に流れる電流を I_1〔A〕，I_2〔A〕，I_3〔A〕，それぞれの抵抗の両端の電圧を V_1〔V〕，V_2〔V〕，V_3〔V〕とする．

$R_1=5$〔Ω〕に電流 $I_1=0.6$〔A〕が流れたので，R_1 の両端の電圧 V_1〔V〕は，オームの法則より，

$$V_1 = I_1 R_1 = 0.6 \times 5 = 3 \text{〔V〕} \quad \cdots\cdots (1)$$

R_3 に流れる電流 I_3〔A〕を求めると，

$$I_1 = I_3 \times \frac{R_2}{R_1 + R_2}$$

より，

$$0.6 = I_3 \times \frac{3}{5+3} \quad \cdots\cdots (2)$$

式 (2) より，

$$0.6\,(5+3) = 3I_3 \quad \cdots\cdots (3)$$

式 (3) より，

$$I_3 = \frac{4.8}{3} = 1.6 \text{〔A〕} \quad \cdots\cdots (4)$$

R_3 の両端の電圧電圧 V_3〔V〕は，オームの法則より，

$$V_3 = I_3 R_3 = 1.6 \times 8 = 12.8 \text{〔V〕} \quad \cdots\cdots (5)$$

よって，端子ab間に加えられた電圧 V_{ab}〔V〕は，

$$V_{ab} = V_1 + V_3 = 3 + 12.8 = 15.8 \text{〔V〕}$$

となる．

簡易的な解き方！

それぞれの抵抗を $R_1=5$〔Ω〕，$R_2=3$〔Ω〕，$R_3=8$〔Ω〕とし，それぞれの抵抗に流れる電流を I_1〔A〕，I_2〔A〕，I_3〔A〕，それぞれの抵抗の両端の電圧を V_1〔V〕，V_2〔V〕，V_3〔V〕とする．

$R_1=5$〔Ω〕に電流 $I_1=0.6$〔A〕が流れたので，R_1 の両端の電圧 V_1〔V〕は，オームの法則より，

$$V_1=I_1R_1=0.6\times 5=3 \text{〔V〕} \quad \cdots\cdots (1)$$

抵抗 R_1 と R_2 が並列接続されているので，R_2 の両端の電圧 V_2〔V〕も 3〔V〕になる．R_2 に流れる電流 I_2〔A〕は，オームの法則より，

$$I_2=\frac{V_2}{R_2}=\frac{3}{3}=1 \text{〔A〕} \quad \cdots\cdots (2)$$

R_3 の抵抗に流れる電流 I_3〔A〕は，$I_3=I_1+I_2$ であるので，

$$I_3=I_1+I_2=0.6+1=1.6 \text{〔A〕} \quad \cdots\cdots (3)$$

R_3 の両端の電圧 V_3〔V〕は，オームの法則より，

$$V_3=I_3R_3=1.6\times 8=12.8 \text{〔V〕} \quad \cdots\cdots (4)$$

よって，端子ab間に加えられた電圧 V_{ab}〔V〕は，

$$V_{ab}=V_1+V_3=3+12.8=15.8 \text{〔V〕}$$

となる．

正答 5

例題−2 抵抗の並列回路の電流の値を求める問題

図に示す回路において，直流電源から流れる電流が 100〔mA〕であるとき，4〔kΩ〕の抵抗に流れる電流 I_1 の値として，正しいものを下の番号から選べ．

1　20〔mA〕
2　40〔mA〕
3　60〔mA〕
4　80〔mA〕

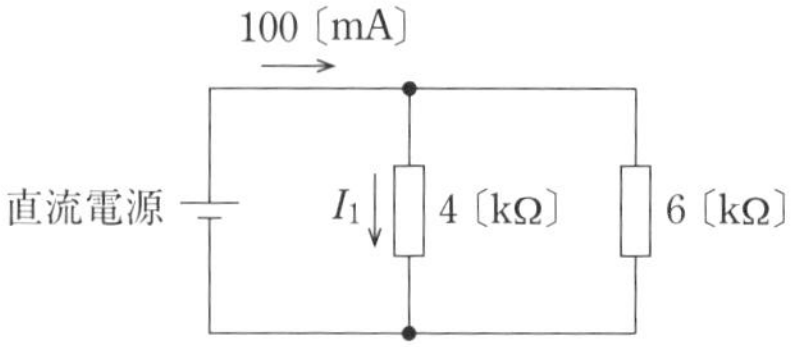

問題を解くヒント！

並列合成抵抗を計算し，オームの法則で直流電源の電圧を求める．

使う公式

(1) 抵抗 R_1〔Ω〕と抵抗 R_2〔Ω〕の並列合成抵抗 R_P〔Ω〕は，次式で表される．

$$R_P = \frac{1}{\dfrac{1}{R_1} + \dfrac{1}{R_2}} = \frac{R_1 \times R_2}{R_1 + R_2} \text{〔Ω〕} \qquad \cdots\cdots ①$$

(2) 抵抗 R_1〔Ω〕，抵抗 R_2〔Ω〕，抵抗 R_3〔Ω〕の並列合成抵抗 R_P〔Ω〕は，次式で表される．

$$R_P = \frac{1}{\dfrac{1}{R_1} + \dfrac{1}{R_2} + \dfrac{1}{R_3}} \text{〔Ω〕} \qquad \cdots\cdots ②$$

抵抗が 3 個以上並列に接続されるときは，式②を使うよ．
抵抗が 2 個のときは，式①が便利だね．

(3)「例題－1」のオームの法則を使う．

一般的な解き方！

$R_1 = 4$〔kΩ〕と $R_2 = 6$〔kΩ〕の並列合成抵抗 R_P〔Ω〕は，

$$R_P = \frac{R_1 \times R_2}{R_1 + R_2} = \frac{4 \times 6}{4 + 6} = \frac{24}{10} = 2.4 \text{〔kΩ〕} = 2.4 \times 10^3 \text{〔Ω〕}$$

k(キロ)は 10^3，
m(ミリ)は 10^{-3} だよ．

直流電源から流れる電流を $I = 100$〔mA〕$= 100 \times 10^{-3}$〔A〕とすると，直流電源の電圧 V〔V〕は，オームの法則より，

$$V = IR_P = 100 \times 10^{-3} \times 2.4 \times 10^3 = 240 \text{〔V〕}$$

よって，$R_1 = 4$〔kΩ〕の抵抗に流れる電流 I_1〔A〕は，オームの法則より，

$$I_1 = \frac{V}{R_1} = \frac{240}{4 \times 10^3} = 60 \times 10^{-3} \text{〔A〕} = 60 \text{〔mA〕}$$

となる．

100〔mA〕= 100×10^{-3}〔A〕，又は 100〔mA〕= 0.1〔A〕
で計算してもいいよ．

簡易的な解き方！

$$I_1 = I \times \frac{R_2}{R_1 + R_2} \text{〔A〕}$$

の公式を使って計算すると，$I = 100$〔mA〕を 6：4 に配分するので，

$$I_1 = 100 \times \frac{6}{4+6} = \frac{600}{10} = 60\ 〔\mathrm{mA}〕$$

となる．

正答 3

例題−3　抵抗の並列回路の電圧の値を求める問題

図に示す回路において，直流電源から流れる電流が 10〔mA〕であるとき，直流電源の電圧の値として，正しいものを下の番号から選べ．

1　12〔V〕
2　20〔V〕
3　30〔V〕
4　50〔V〕

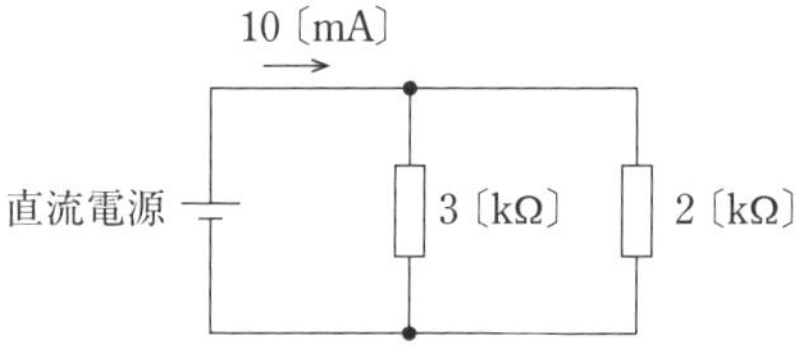

問題を解くヒント！

並列合成抵抗を計算し，オームの法則で直流電源の電圧を求める．

使う公式

(1)「例題−2」の並列合成抵抗を求める公式を使う．
(2)「例題−1」のオームの法則を使う．

一般的な解き方！

$R_1 = 3$〔kΩ〕と $R_2 = 2$〔kΩ〕の並列合成抵抗 R_P〔Ω〕は，

$$R_P = \frac{R_1 \times R_2}{R_1 + R_2} = \frac{3 \times 2}{3+2} = \frac{6}{5} = 1.2\ 〔\mathrm{k\Omega}〕 = 1.2 \times 10^3\ 〔\Omega〕$$

$R_P = 1.2 \times 10^3$〔Ω〕と R_P に流れる電流 $I = 10$〔mA〕$= 10 \times 10^{-3}$〔A〕の積が直流電源の電圧 V〔V〕になるので，オームの法則より，

$$V = IR_P = 10 \times 10^{-3} \times 1.2 \times 10^3 = 12\ 〔\mathrm{V}〕$$

となる．

$10^{-3} \times 10^3 = 10^{-3+3} = 10^0 = 1$
だよ．

正答 1

例題－4　抵抗の並列回路の抵抗の値を求める問題

図に示す回路において，直流電源から流れる電流が 2〔mA〕であるとき，抵抗 R の値として，正しいものを下の番号から選べ．

1　12〔kΩ〕
2　20〔kΩ〕
3　30〔kΩ〕
4　50〔kΩ〕

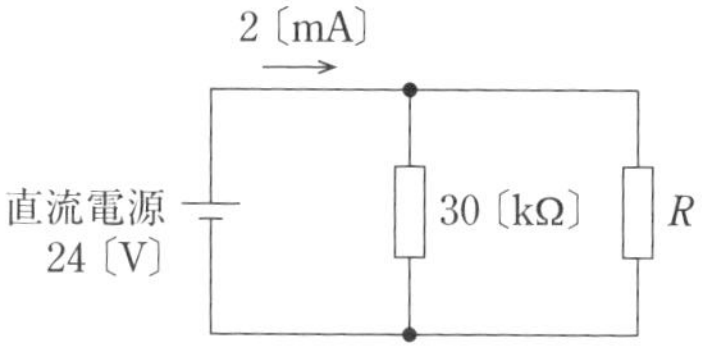

問題を解くヒント！

30〔kΩ〕に流れる電流と R に流れる電流の和が 2〔mA〕である．

使う公式

(1)「例題－2」の並列合成抵抗を求める公式を使う．
(2)「例題－1」のオームの法則を使う．

一般的な解き方！

$R_A = 30$〔kΩ〕$= 30 \times 10^3$〔Ω〕に流れる電流を I_A〔A〕，R に流れる電流を I_B〔A〕，直流電源を $V = 24$〔V〕とすると，

$$I_A = \frac{V}{R_A} = \frac{24}{30 \times 10^3} = 0.8 \times 10^{-3}\,〔\mathrm{A}〕$$

$$I_A + I_B = 2\,〔\mathrm{mA}〕 = 2 \times 10^{-3}\,〔\mathrm{A}〕$$

であるので，I_B〔A〕は，

$$I_B = 2 \times 10^{-3} - I_A = 2 \times 10^{-3} - 0.8 \times 10^{-3} = 1.2 \times 10^{-3}\,〔\mathrm{A}〕$$

よって，R〔Ω〕は，オームの法則より，

$$R = \frac{V}{I_B} = \frac{24}{1.2 \times 10^{-3}} = 20 \times 10^3\,〔\Omega〕 = 20\,〔\mathrm{k\Omega}〕$$

となる．

簡易的な解き方！

選択肢の R の単位が〔kΩ〕であるので，〔kΩ〕のまま計算する．電流が〔mA〕であるので，電圧＝〔mA〕×〔kΩ〕＝〔10^{-3}・A〕×〔10^{3}・Ω〕＝〔A〕〔Ω〕となるので，〔mA〕のままで計算できる．

$R_A=30$〔kΩ〕と R の並列合成抵抗 R_P〔kΩ〕は，

$$R_P=\frac{R_A\times R}{R_A+R}=\frac{30R}{30+R}$$

直流電源を V〔V〕，流れる電流を I〔A〕とすると，オームの法則より次式が成立する．

$$V=IR_P \qquad \cdots\cdots(1)$$

式(1)に与えられた数値を代入すると，

$$24-2\times\frac{30R}{30+R}=\frac{60R}{30+R} \qquad \cdots\cdots(2)$$

式(2)を整理すると，

$$24(30+R)=60R$$

$$720+24R=60R$$

$$60R-24R=720$$

$$36R=720$$

よって，

$$R=\frac{720}{36}=20\text{〔kΩ〕}$$

となる．

正答 2

例題－5　抵抗回路の電圧の値を求める問題

図に示す回路において，スイッチSを開いたときと閉じたときのab間の電圧の値の組合せとして，正しいものを下の番号から選べ．

	Sを開いたとき	Sを閉じたとき
1	3.6〔V〕	6〔V〕
2	3.6〔V〕	8〔V〕
3	14.4〔V〕	6〔V〕
4	14.4〔V〕	8〔V〕
5	14.4〔V〕	12〔V〕

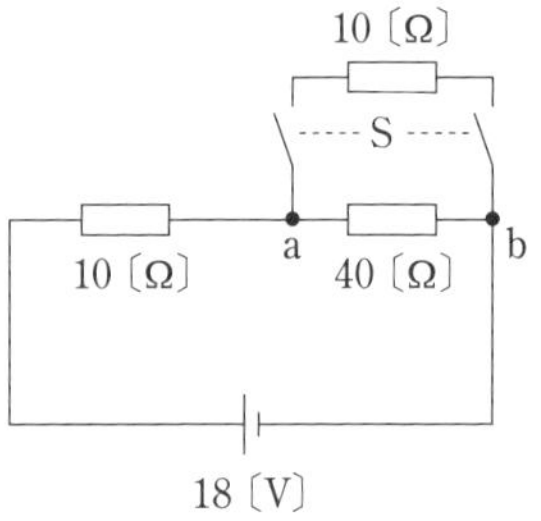

問題を解くヒント！

スイッチSを閉じるとab間の電圧は小さくなる.

使う公式

(1) 抵抗R_1〔Ω〕と抵抗R_2〔Ω〕の直列合成抵抗R_S〔Ω〕は，次式で表される.

$$R_S = R_1 + R_2 \text{〔Ω〕}$$

(2)「例題－2」の並列合成抵抗を求める公式を使う.

(3)「例題－1」のオームの法則を使う.

一般的な解き方！

(1) スイッチSを開いたときの回路の合成抵抗R_A〔Ω〕は，10〔Ω〕と40〔Ω〕の直列接続なので，

$$R_A = 10 + 40 = 50 \text{〔Ω〕}$$

電源電圧をV〔V〕とすると，このとき回路に流れる電流I_A〔A〕は，オームの法則より，

$$I_A = \frac{V}{R_A} = \frac{18}{50} = \frac{9}{25} \text{〔A〕}$$

ab間の抵抗$R_{ab} = 40$〔Ω〕なので，ab間の電圧V_{ab}〔V〕は，オームの法則より，

$$V_{ab} = I_A R_{ab} = \frac{9}{25} \times 40 = \frac{72}{5} = \underline{14.4 \text{〔V〕}}$$

となる.

(2) スイッチSを閉じたときの回路の合成抵抗R_B〔Ω〕は，10〔Ω〕と40〔Ω〕の並列接続と10〔Ω〕が直列接続されているので，

$$R_B = 10 + \frac{10 \times 40}{10 + 40} = 10 + \frac{400}{50} = 10 + 8 = 18 \text{〔Ω〕}$$

電源電圧をV〔V〕とすると，このとき回路に流れる電流I_B〔A〕は，オームの法則より，

$$I_B = \frac{V}{R_B} = \frac{18}{18} = 1 \text{〔A〕}$$

ab間の合成並列抵抗R_{ab}〔Ω〕は，

$$R_{ab} = \frac{40 \times 10}{40 + 10} = \frac{400}{50} = 8 \text{〔Ω〕}$$

なので，ab間の電圧V_{ab}〔V〕は，オームの法則より，

$$V_{ab} = I_B R_{ab} = 1 \times 8 = \underline{8 \text{〔V〕}}$$

となる.

正答 4

例題−6　抵抗回路の電圧の値を求める問題

図に示す回路において，スイッチSを開いたときのab間の電圧は，Sを閉じたときのab間の電圧の何倍になるか．正しいものを下の番号から選べ．ただし，R_1＝200〔kΩ〕，R_2＝200〔kΩ〕，R_3＝100〔kΩ〕とする．

1　2倍
2　3倍
3　4倍
4　6倍

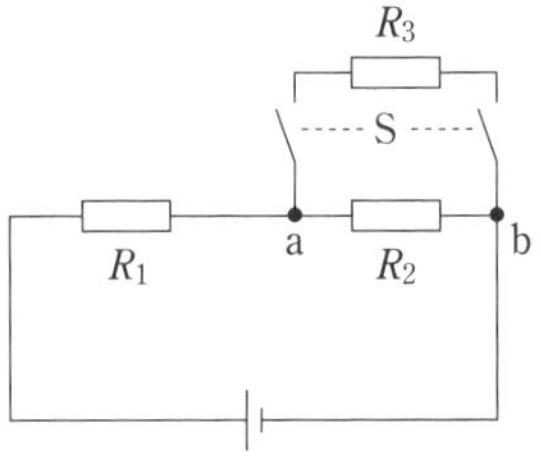

問題を解くヒント！

スイッチSを閉じるとab間の電圧は小さくなる．

使う公式

(1)「例題−5」の直列合成抵抗を求める公式を使う．
(2)「例題−2」の並列合成抵抗を求める公式を使う．
(3)「例題−1」のオームの法則を使う．

一般的な解き方！

(1) スイッチSを開いたときの回路の合成抵抗R_A〔Ω〕は，R_1〔Ω〕とR_2〔Ω〕の直列接続なので，

$$R_A = R_1 + R_2 = 200 + 200 = 400\ 〔\mathrm{k\Omega}〕 = 400 \times 10^3\ 〔\Omega〕$$

電源電源の電圧をV〔V〕とすると，このとき回路に流れる電流I_A〔A〕は，オームの法則より，

$$I_A = \frac{V}{R_A} = \frac{V}{400 \times 10^3}\ 〔\mathrm{A}〕$$

ab間の抵抗$R_{ab} = R_2 = 200$〔kΩ〕$= 200 \times 10^3$〔Ω〕なので，ab間の電圧V_{ab}〔V〕は，オームの法則より，

$$V_{ab} = I_A R_{ab} = \frac{V}{400 \times 10^3} \times 200 \times 10^3 = \frac{V}{2}\ 〔\mathrm{V}〕$$

(2) スイッチSを閉じたときの回路の合成抵抗R_B〔Ω〕は，R_2〔Ω〕とR_3〔Ω〕の並列接続とR_1〔Ω〕が直列接続されているので，

$$R_B = R_1 + \frac{R_2 \times R_3}{R_2 + R_3} = 200 + \frac{200 \times 100}{200 + 100} = 200 + \frac{20{,}000}{300}$$

$$= 200 + \frac{200}{3} = \frac{600}{3} + \frac{200}{3} = \frac{800}{3}\ 〔\mathrm{k}\Omega〕 = \frac{800}{3} \times 10^3\ 〔\Omega〕$$

電源電源の電圧をV〔V〕とすると，このとき回路に流れる電流I_B〔A〕は，オームの法則より，

$$I_B = \frac{V}{R_B} = \frac{V}{\frac{800}{3} \times 10^3} = \frac{3V}{800 \times 10^3}\ 〔\mathrm{A}〕$$

$\frac{1}{\frac{800}{3}} = \frac{3}{800}$ だよ.

ab間の合成並列抵抗R_{ab}〔Ω〕は，

$$R_{ab} = \frac{R_2 \times R_3}{R_2 + R_3} = \frac{200 \times 100}{200 + 100} = \frac{20{,}000}{300} = \frac{200}{3}\ 〔\mathrm{k}\Omega〕 = \frac{200}{3} \times 10^3\ 〔\Omega〕$$

なので，ab間の電圧V_{ab}〔V〕は，オームの法則より，

$$V_{ab} = I_B R_{ab} = \frac{3V}{800 \times 10^3} \times \frac{200}{3} \times 10^3 = \frac{V}{4}\ 〔\mathrm{V}〕$$

よって，スイッチSを開いたときのab間の電圧$\frac{V}{2}$〔V〕は，スイッチSを閉じたときのab間の電圧$\frac{V}{4}$〔V〕の2倍となる.

正答 1

例題−7　抵抗の直列回路の電位の値を求める問題

図に示す直流回路の点a，点b及び点cの電位の値として，正しい組合せを下の番号から選べ．ただし，点dの電位を零とする.

	点a	点b	点c
1	22〔V〕	16〔V〕	3〔V〕
2	22〔V〕	18〔V〕	4〔V〕
3	18〔V〕	14〔V〕	3〔V〕
4	18〔V〕	16〔V〕	4〔V〕

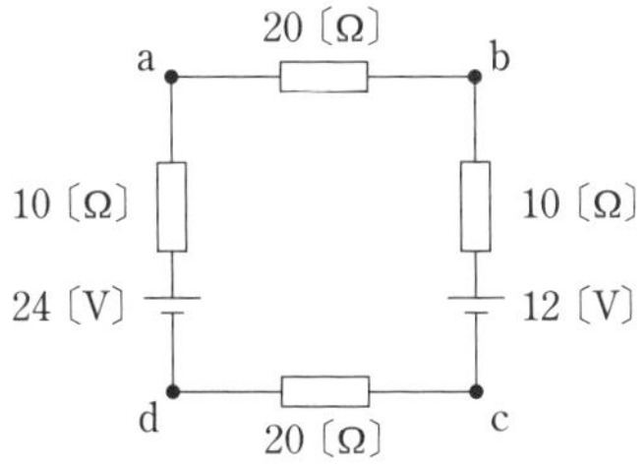

問題を解くヒント！

回路に流れる電流を右回りとすると，回路の全電圧は，24－12＝12〔V〕である．

使う公式

(1)「例題－5」の直列合成抵抗を求める公式を使う．

(2)「例題－1」のオームの法則を使う．

一般的な解き方！

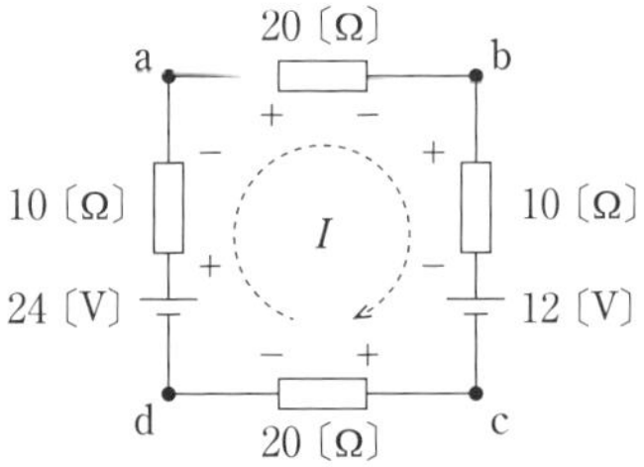

図 2.2

図 2.2 のように，回路を流れる電流 I〔A〕を右回りとすると，各抵抗には図のような方向に電圧が生じる．回路の全電圧は，24－12〔V〕であるので，電流 I〔A〕は，オームの法則より，

$$I=\frac{24-12}{10+20+10+20}=\frac{12}{60}=0.2\text{〔A〕}$$

点 a の電位を V_a〔V〕とすると，

$$V_a=24-10\times0.2=24-2=\underline{22\text{〔V〕}}$$

点 b の電位を V_b〔V〕とすると，

$$V_b=V_a-20\times0.2=22-4=\underline{18\text{〔V〕}}$$

点 c の電位を V_c〔V〕とすると，

$$V_c=V_b-10\times0.2-12=18-2-12=\underline{4\text{〔V〕}}$$

正答 2

例題−8　抵抗の直並列回路の電流の値を求める問題

図に示す回路において，回路に流れる電流 I の値として，正しいものを下の番号から選べ.

1　2.0〔mA〕
2　1.5〔mA〕
3　1.0〔mA〕
4　0.5〔mA〕
5　0.2〔mA〕

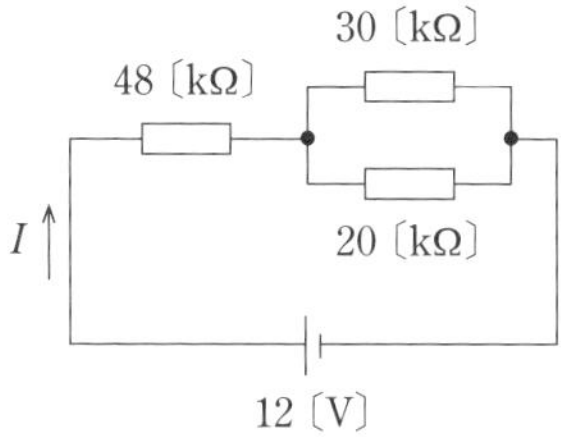

問題を解くヒント！

回路の合成抵抗を計算した後，回路を流れる電流をオームの法則で求める.

使う公式

(1)「例題−5」の直列合成抵抗を求める公式を使う.
(2)「例題−2」の並列合成抵抗を求める公式を使う.
(3)「例題−1」のオームの法則を使う.

一般的な解き方！

回路の合成抵抗を R_T〔Ω〕とすると，

$$R_T = 48 + \frac{20 \times 30}{20 + 30} = 48 + \frac{600}{50} = 48 + 12 = 60\text{〔kΩ〕} = 60 \times 10^3\text{〔Ω〕}$$

よって，回路に流れる電流 I〔A〕は，オームの法則より，

$$I = \frac{12}{R_T} = \frac{12}{60 \times 10^3} = 0.2 \times 10^{-3}\text{〔A〕} = 0.2\text{〔mA〕}$$

となる.

正答 5

例題−9　抵抗の直並列回路で消費される電力の値を求める問題

図に示す回路において，全ての抵抗(R_1 ～ R_4)で消費される全電力の値として，正しいものを下の番号から選べ．ただし，抵抗は，R_1＝6〔Ω〕，R_2＝15〔Ω〕，R_3＝30〔Ω〕及び R_4＝16〔Ω〕とする．

1　18〔W〕
2　36〔W〕
3　72〔W〕
4　144〔W〕
5　288〔W〕

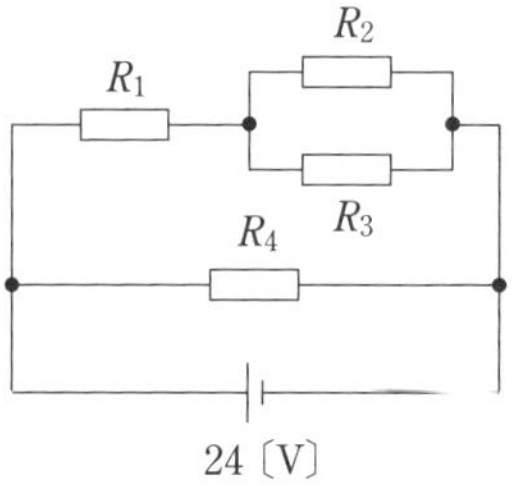

問題を解くヒント！

回路の全抵抗を計算して回路を流れる電流を求め電圧との積で電力を求める．

使う公式

(1)「例題−5」の直列合成抵抗を求める公式を使う．
(2)「例題−2」の並列合成抵抗を求める公式を使う．
(3)「例題−1」のオームの法則を使う．
(4) 抵抗R〔Ω〕に電流I〔A〕が流れ，両端の電圧がV〔V〕であるとき，消費電力P〔W〕は，次式で表される．

$$P=VI\ 〔\mathrm{W}〕$$

(5) 抵抗R〔Ω〕に流れる電流をI〔A〕とすると，消費電力P〔W〕は，次式で表される．

$$P=I^2R\ 〔\mathrm{W}〕$$

(6) 抵抗R〔Ω〕の両端の電圧をV〔V〕とすると，消費電力P〔W〕は，次式で表される．

$$P=\frac{V^2}{R}\ 〔\mathrm{W}〕$$

一般的な解き方！

抵抗R_1，R_2，R_3の合成抵抗をR_A〔Ω〕とすると，

$$R_A = R_1 + \frac{R_2 \times R_3}{R_2 + R_3} = 6 + \frac{15 \times 30}{15 + 30} = 6 + \frac{450}{45} = 6 + 10 = 16 \ (\Omega)$$

回路の全抵抗を R_T〔Ω〕とすると，

$$R_T = \frac{R_A \times R_4}{R_A + R_4} = \frac{16 \times 16}{16 + 16} = \frac{256}{32} = 8 \ (\Omega)$$

電源電圧を V〔V〕とすると，回路を流れる電流 I〔A〕は，オームの法則より，

$$I = \frac{V}{R_T} = \frac{24}{8} = 3 \ (\mathrm{A})$$

よって，全ての抵抗で消費される全電力 P〔W〕は，

$$P = VI = 24 \times 3 = 72 \ (\mathrm{W})$$

となる．

正答 3

参考

抵抗 R_1，R_2，R_3，R_4 に流れる電流を計算し電力を求めると，次のようになる．

抵抗 R_1，R_2，R_3 の合成抵抗を R_A〔Ω〕とすると，

$$R_A = R_1 + \frac{R_2 \times R_3}{R_2 + R_3} = 6 + \frac{15 \times 30}{15 + 30} = 6 + \frac{450}{45} = 6 + 10 = 16 \ (\Omega)$$

抵抗 R_1，R_2，R_3，R_4 に流れる電流を I_1〔A〕，I_2〔A〕，I_3〔A〕，I_4〔A〕とすると，

$$I_1 = \frac{24}{R_A} = \frac{24}{16} = \frac{3}{2} \ (\mathrm{A})$$

$$I_2 = I_1 \times \frac{R_3}{R_2 + R_3} = \frac{3}{2} \times \frac{30}{45} = 1 \ (\mathrm{A})$$

$$I_3 = I_1 \times \frac{R_2}{R_2 + R_3} = \frac{3}{2} \times \frac{15}{45} = \frac{1}{2} \ (\mathrm{A})$$

$$I_4 = \frac{24}{R_4} = \frac{24}{16} = \frac{3}{2} \ (\mathrm{A})$$

したがって，抵抗 R_1，R_2，R_3，R_4 で消費する電力 P_1〔W〕，P_2〔W〕，P_3〔W〕，P_4〔W〕は，

$$P_1 = I_1^2 R_1 = \left(\frac{3}{2}\right)^2 \times 6 = \frac{54}{4} = \frac{27}{2} \ (\mathrm{W})$$

$$P_2 = I_2^2 R_2 = 1^2 \times 15 = 15 \ (\mathrm{W})$$

$$P_3 = I_3^2 R_3 = \left(\frac{1}{2}\right)^2 \times 30 = \frac{30}{4} = \frac{15}{2} \ (\mathrm{W})$$

$$P_4 = I_4^2 R_4 = \left(\frac{3}{2}\right)^2 \times 16 = \frac{144}{4} = \frac{72}{2} = 36 \ (\mathrm{W})$$

よって，抵抗R_1，R_2，R_3，R_4で消費する全電力P_T〔W〕は，

$$P_T = P_1 + P_2 + P_3 + P_4 = \frac{27}{2} + 15 + \frac{15}{2} + 36 = \frac{42}{2} + 15 + 36 = 72〔W〕$$

となる．

例題−10　直並列抵抗回路中の抵抗に流れる電流の値を求める問題

図に示す回路において，端子 ab 間に直流電圧を加えたところ，2〔kΩ〕の抵抗に 4〔mA〕の電流が流れた．8〔kΩ〕の抵抗に流れる電流の値として正しいものを下の番号から選べ．

1　2〔mA〕
2　4〔mA〕
3　6〔mA〕
4　8〔mA〕

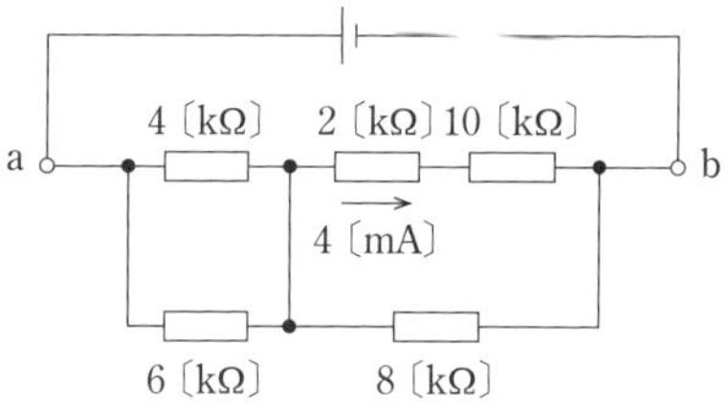

問題を解くヒント！

2〔kΩ〕と 10〔kΩ〕の直列回路の両端の電圧と 8〔kΩ〕の両端の電圧は同じである．

使う公式

(1)「例題−5」の直列合成抵抗を求める公式を使う．
(2)「例題−1」のオームの法則を使う．

一般的な解き方！

2〔kΩ〕の抵抗に 4〔mA〕の電流が流れているので，10〔kΩ〕の抵抗にも 4〔mA〕の電流が流れる．2〔kΩ〕と 10〔kΩ〕の直列合成抵抗（12〔kΩ〕）の両端の電圧V〔V〕は，オームの法則より，

$$V = 12 \times 10^3 \times 4 \times 10^{-3} = 48〔V〕 \quad \cdots\cdots (1)$$

8〔kΩ〕の抵抗の両端の電圧は式 (1) と同じ 48〔V〕であるので，8〔kΩ〕に流れる電流I〔A〕は，オームの法則より，

$$I=\frac{48}{8\times10^{3}}=6\times10^{-3}\,〔\mathrm{A}〕=6\,〔\mathrm{mA}〕$$

となる．

この問題では 4〔kΩ〕と 6〔kΩ〕の抵抗は関係がないよ．

正答 3

例題－11　抵抗のブリッジ回路の電流の値を求める問題

図に示す回路において，電流 I の値として，正しいものを下の番号から選べ．

1　0.40〔A〕
2　0.45〔A〕
3　0.50〔A〕
4　0.55〔A〕
5　0.65〔A〕

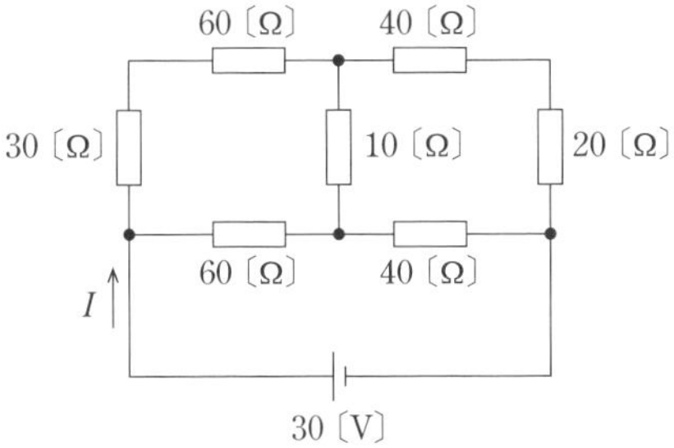

問題を解くヒント！

問題の回路は，平衡条件を満たしていることを確認する．

使う公式

(1)「例題－5」の直列合成抵抗を求める公式を使う．

(2)「例題－2」の並列合成抵抗を求める公式を使う．

(3)「例題－1」のオームの法則を使う．

(4) **図 2.3** のブリッジ回路において，平衡条件 $R_AR_D=R_BR_C$ を満たしているとき，a点とb点の電圧が同じになり，抵抗 R には電流が流れないので，R を取り去ることができる．

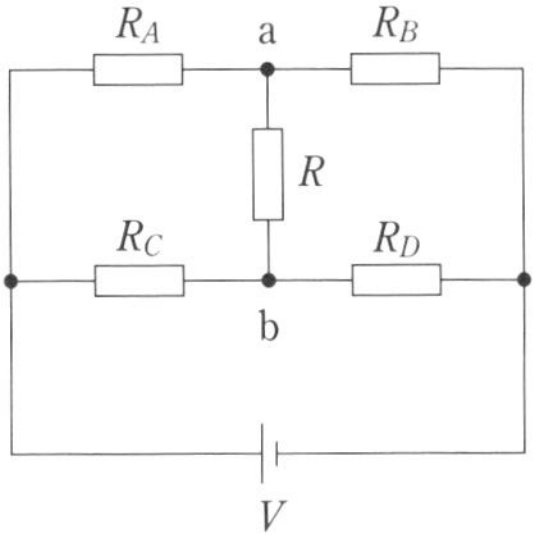

図 2.3

一般的な解き方！

問題の回路は**図 2.4** のように書き換えることができる．**図 2.4** の回路において，

$$R_A R_D = 90 \times 40 = 3{,}600$$

$$R_B R_C = 60 \times 60 = 3{,}600$$

となり，このブリッジ回路は平衡しているので，**図 2.5** のように 10〔Ω〕の抵抗を取り去ることができる．

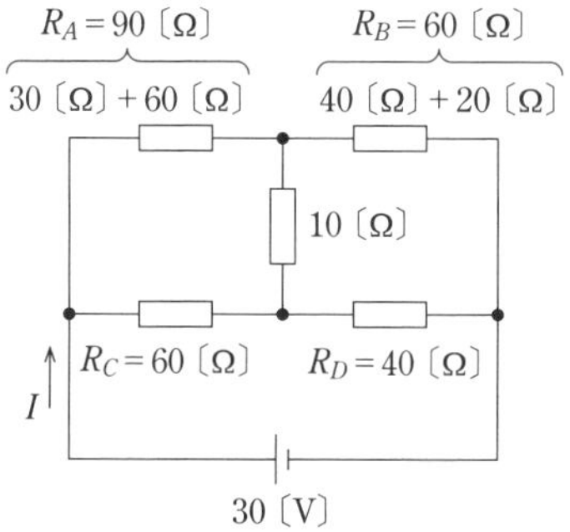

図 2.4

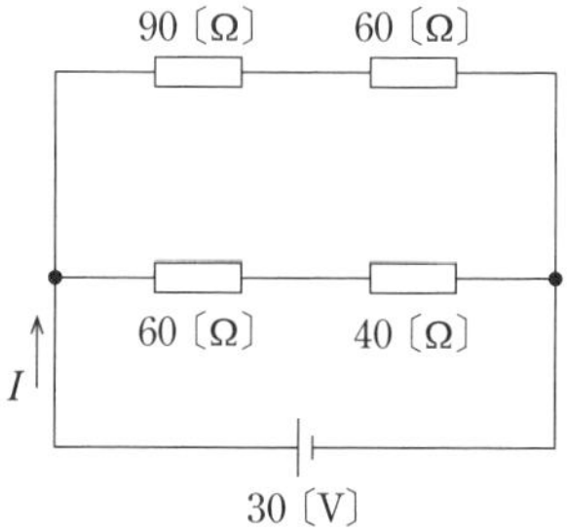

図 2.5

図 2.5 の回路の全抵抗を R_T〔Ω〕とすると，

$$R_T = \frac{(90+60) \times (60+40)}{(90+60)+(60+40)} = \frac{150 \times 100}{150+100} = \frac{15{,}000}{250} = 60\ 〔\Omega〕$$

よって，電源電圧を V〔V〕とすると，電流 I〔A〕は，オームの法則より，

$$I = \frac{V}{R_T} = \frac{30}{60} = 0.5\ 〔\mathrm{A}〕$$

となる．

簡易的な解き方！

図 2.5 の回路の全抵抗 R_T〔Ω〕は，上側の 2 個の直列合成抵抗の和 150〔Ω〕と下側の 2 個の直列合成抵抗の和 100〔Ω〕の並列抵抗であるので，

$$R_T = \frac{150 \times 100}{150+100} = \frac{15{,}000}{250} = 60\ 〔\Omega〕$$

よって，電源電圧を V〔V〕とすると，電流 I〔A〕は，オームの法則より，

$$I = \frac{V}{R_T} = \frac{30}{60} = 0.5\ 〔\mathrm{A}〕$$

となる．

直列接続を先に計算しておくと，並列接続の計算が楽になるよ．

正答 3

例題−12 *RC* 直並列回路の合成インピーダンスの大きさを求める問題

図に示す回路の合成インピーダンスの大きさの値として，正しいものを下の番号から選べ．ただし，コンデンサ C_1 及び C_2 のリアクタンスの値は，それぞれ 24〔Ω〕及び 8〔Ω〕とする．

1　10〔Ω〕
2　15〔Ω〕
3　20〔Ω〕
4　25〔Ω〕
5　40〔Ω〕

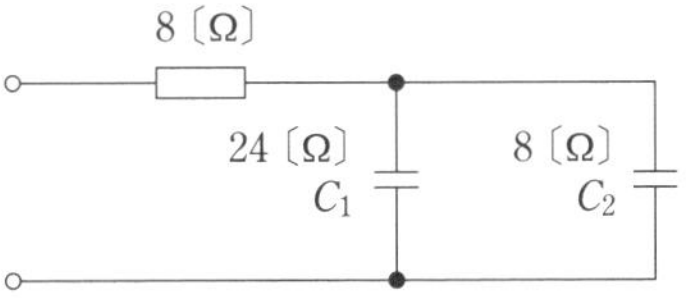

問題を解くヒント！

(1) コンデンサに電圧を加えると，電流の位相が 90 度進む．

(2) コンデンサ C_1 のリアクタンス X_{C1}=24〔Ω〕とコンデンサ C_2 のリアクタンス X_{C2}=8〔Ω〕の並列合成リアクタンスを求める．

使う公式

(1) コンデンサ C_1 のリアクタンス X_{C1}〔Ω〕とコンデンサ C_2 のリアクタンス X_{C2}〔Ω〕の並列合成リアクタンス X_C〔Ω〕は，次式で表される．

$$X_C = \frac{X_{C1} \times X_{C2}}{X_{C1} + X_{C2}} \ 〔\Omega〕$$

2 個のリアクタンスの並列合成リアクタンスの計算は，2 個の抵抗の並列計算のときと同じだよ．

(2) 抵抗 R〔Ω〕とリアクタンス X_C〔Ω〕の直列回路の合成インピーダンスの大きさ（絶対値）Z〔Ω〕は，次式で表される．

$$Z = \sqrt{R^2 + X_C{}^2} \ 〔\Omega〕$$

図 2.6 のように，抵抗 R〔Ω〕とリアクタンス X_C〔Ω〕の直列回路に交流電圧 V〔V〕を加えたとき，流れる電流を I〔A〕とすると，R の両端の電圧 V_R〔V〕の位相は I と同相，X_C の両端の電圧 V_C〔V〕の位相は I より 90 度遅れる．この様子を示したのが**図 2.7** で

ある．**図 2.7** より，

$$V^2=V_R{}^2+V_C{}^2 \qquad \cdots\cdots①$$

$V_R=IR$，$V_C=IX_C$ なので，式①は，

$$V^2=V_R{}^2+V_C{}^2=I^2\,(R^2+X_C{}^2) \qquad \cdots\cdots②$$

式②より，

$$V=I\sqrt{R^2+X_C{}^2} \qquad \cdots\cdots③$$

合成インピーダンスの大きさ Z〔Ω〕は，式③より，次式で表される．

$$Z=\frac{V}{I}=\sqrt{R^2+X_C{}^2}\,〔\Omega〕$$

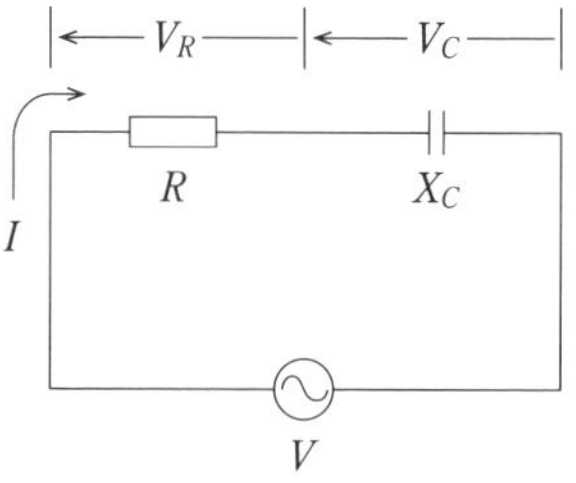

図 2.6

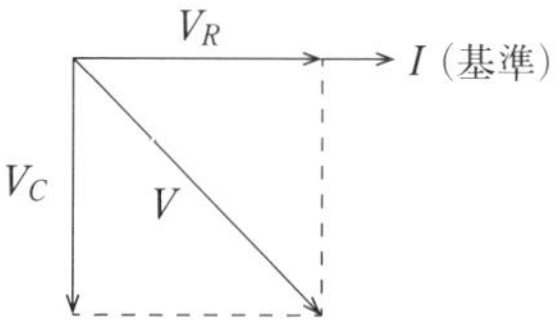

図 2.7

一般的な解き方！

コンデンサ C_1 のリアクタンス $X_{C1}=24$〔Ω〕とコンデンサ C_2 のリアクタンス $X_{C2}=8$〔Ω〕の並列合成リアクタンス X_C〔Ω〕は，

$$X_C=\frac{X_{C1}\times X_{C2}}{X_{C1}+X_{C2}}=\frac{24\times 8}{24+8}=\frac{192}{32}=6\,〔\Omega〕$$

よって，合成インピーダンスの大きさ Z〔Ω〕は，

$$Z=\sqrt{R^2+X_C{}^2}=\sqrt{8^2+6^2}=\sqrt{64+36}=\sqrt{100}=\sqrt{10^2}=10\,〔\Omega〕$$

となる．

$\sqrt{}$ は $\frac{1}{2}$ 乗という意味だよ．

$\sqrt{a^2}=(a^2)^{\frac{1}{2}}=a^{2\times\frac{1}{2}}=a$ だね．

正答 1

例題−13 *RLC* 直並列回路の合成インピーダンスの大きさを求める問題

図に示す回路の合成インピーダンスの大きさの値として，正しいものを下の番号から選べ．ただし，コンデンサ *C* 及びコイル *L* のリアクタンスの値は，それぞれ 24〔Ω〕及び 8〔Ω〕とする．

1　10〔Ω〕
2　15〔Ω〕
3　20〔Ω〕
4　24〔Ω〕
5　36〔Ω〕

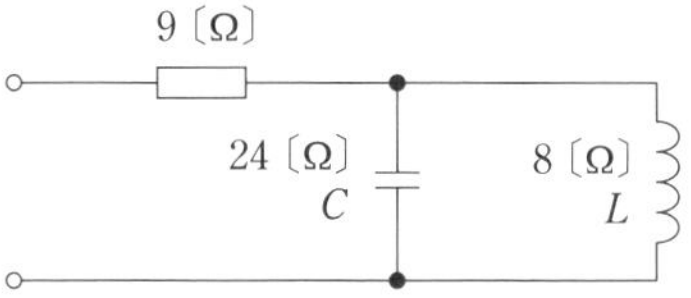

問題を解くヒント！

(1) コイルに電圧を加えると，電流は位相が 90 度遅れる．
(2) コンデンサに電圧を加えると，電流は位相が 90 度進む．
(3) コンデンサ C のリアクタンス $X_C=24$〔Ω〕とコイル L のリアクタンス $X_L=8$〔Ω〕の並列合成リアクタンスを求める．

使う公式

(1) コイル L の誘導リアクタンス X_L〔Ω〕とコンデンサ C の容量リアクタンス X_C〔Ω〕の並列合成リアクタンス X〔Ω〕は，次式で表される．

$$X=\frac{X_L\times(-X_C)}{X_L+(-X_C)}\ 〔\Omega〕$$

(2) 抵抗 R〔Ω〕と誘導リアクタンス X_L〔Ω〕の直列回路の合成インピーダンスの大きさ（絶対値）Z〔Ω〕は，次式で表される．

$$Z=\sqrt{R^2+X_L{}^2}\ 〔\Omega〕$$

図 2.8 のように，抵抗 R〔Ω〕と誘導リアクタンス X_L〔Ω〕の直列回路に交流電圧 V〔V〕を加えたとき，流れる電流を I〔A〕とすると，R の両端の電圧 V_R〔V〕の位相は I と同相，X_L の両端の電圧 V_L〔V〕の位相は I より 90 度進む．この様子を示したのが**図 2.9** である．**図 2.9** より，

$$V^2=V_R{}^2+V_L{}^2 \qquad \cdots\cdots①$$

$V_R=IR$，$V_L=IX_L$ なので，式①は，

$$V^2=V_R{}^2+V_L{}^2=I^2\,(R^2+X_L{}^2) \qquad \cdots\cdots②$$

式②より，

$$V=I\sqrt{R^2+X_L^2} \qquad \cdots\cdots ③$$

合成インピーダンスの大きさ Z〔Ω〕は，式③より，次式で表される．

$$Z=\frac{V}{I}=\sqrt{R^2+X_L^2}\ 〔\Omega〕$$

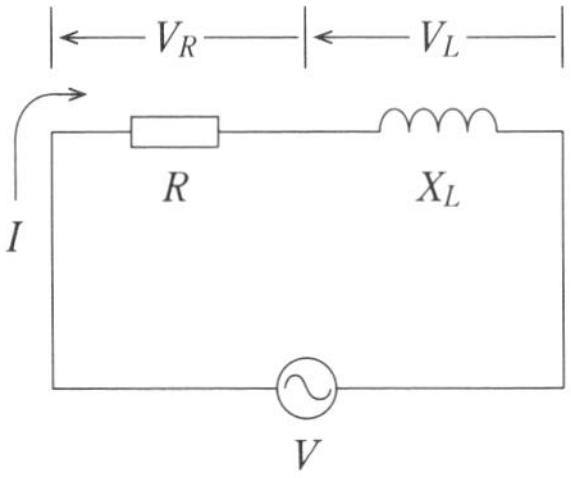

図 2.8

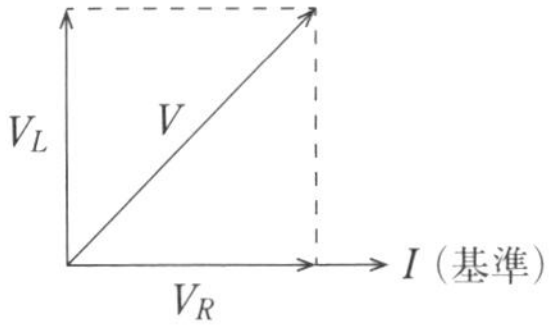

図 2.9

一般的な解き方！

コンデンサ C のリアクタンス $X_C=24$〔Ω〕とコイル L のリアクタンス $X_L=8$〔Ω〕の並列合成リアクタンス X〔Ω〕は，

$$X=\frac{X_L\times(-X_C)}{X_L+(-X_C)}=\frac{8\times(-24)}{8+(-24)}=\frac{-8\times 24}{-16}=12\ 〔\Omega〕$$

＋12〔Ω〕なので，誘導リアクタンスであることを示しているよ．

よって，合成インピーダンスの大きさ Z〔Ω〕は，

$$Z=\sqrt{R^2+X^2}=\sqrt{9^2+12^2}=\sqrt{81+144}=\sqrt{225}=\sqrt{15^2}=15\ 〔\Omega〕$$

となる．

正答 2

参　考

図 2.10 より，コンデンサのリアクタンス X_C〔Ω〕とコイルのリアクタンス X_L〔Ω〕の並列合成リアクタンス X〔Ω〕を求める過程を説明する．

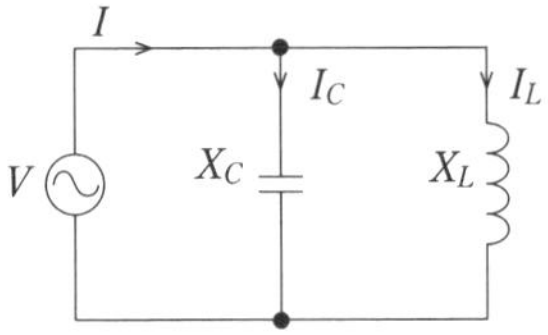

図 2.10

電源電圧を V〔V〕，コンデンサに流れる電流を I_C〔A〕，コイルに流れる電流を I_L〔A〕と

すると，

$$I_C=\frac{V}{X_C}=\frac{V}{24} \qquad \cdots\cdots(1)$$

$$I_L=\frac{V}{X_L}=\frac{V}{8} \qquad \cdots\cdots(2)$$

I_C は電圧 V より位相が 90 度進み，I_L は電圧 V より位相が 90 度遅れる．この様子を示したのが**図 2.11** である．式 (1) と (2) より，$I_L > I_C$ なので，

$$I=I_L-I_C=\frac{V}{8}-\frac{V}{24}=\frac{3V-V}{24}=\frac{2V}{24}=\frac{V}{12} \qquad \cdots\cdots(3)$$

式 (3) より，並列合成リアクタンス X〔Ω〕は，

$$X=\frac{V}{I}=12\text{〔Ω〕}$$

図 2.11 は**図 2.12** のように書き換えることができる．電圧 V が電流 I より進んでいるため，合成リアクタンスは誘導リアクタンスであることがわかる．

よって，合成インピーダンスの大きさ Z〔Ω〕は，

$$Z=\sqrt{R^2+X^2}=\sqrt{9^2+12^2}=\sqrt{81+144}=\sqrt{225}=\sqrt{15^2}=15\text{〔Ω〕}$$

となる．

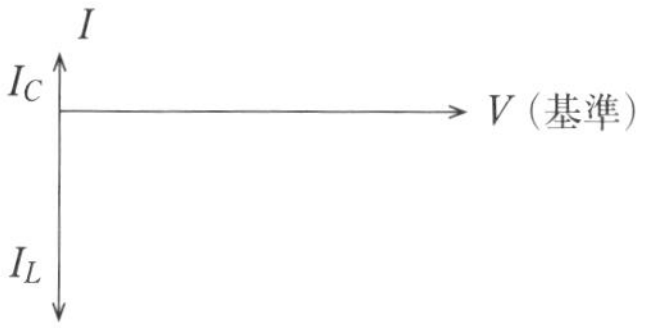

図 2.11

図 2.12

例題−14　*LR* 並列回路の合成インピーダンスと電流の大きさを求める問題

図に示す *LR* 並列回路の合成インピーダンス *Z* 及び電流 *I* の大きさの値の組合せとして，最も近いものを下の番号から選べ．ただし，電源電圧 *E* を 24〔V〕，コイル *L* のリアクタンスを 40〔Ω〕，抵抗 *R* の値を 30〔Ω〕とする．

	Z	I
1	12〔Ω〕	2.0〔A〕
2	20〔Ω〕	1.2〔A〕
3	24〔Ω〕	1.0〔A〕
4	30〔Ω〕	0.8〔A〕

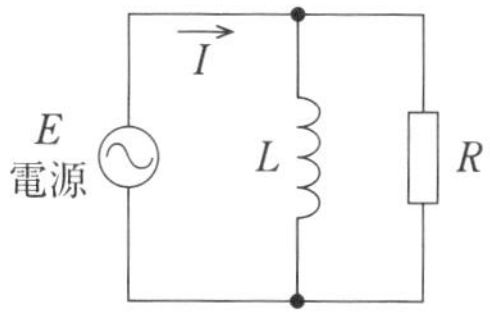

問題を解くヒント！

(1) コイルに電圧を加えると，電流は位相が 90 度遅れる．

(2) コンデンサに電圧を加えると，電流は位相が 90 度進む．

(3) 回路に加える電圧 E〔V〕，回路に流れる電流 I〔A〕，抵抗に流れる電流 I_R〔A〕，コイルに流れる電流 I_L〔A〕の関係を確認する．

使う公式

「例題－1」のオームの法則を使う．

一般的な解き方！

電源電圧を E〔V〕，回路に流れる電流を I〔A〕，抵抗 R に流れる電流の大きさを I_R〔A〕，コイル L に流れる電流の大きさを I_L〔A〕，コイルのリアクタンスを X_L〔Ω〕とすると，オームの法則より，

$$I_R = \frac{E}{R} = \frac{24}{30} = 0.8 \text{〔A〕}$$

$$I_L = \frac{E}{X_L} = \frac{24}{40} = 0.6 \text{〔A〕}$$

E と I_R の位相は同じ，I_L の位相は E より 90 度遅れる．E，I，I_R，I_L の関係を図示すると，**図 2.13** のようになる．

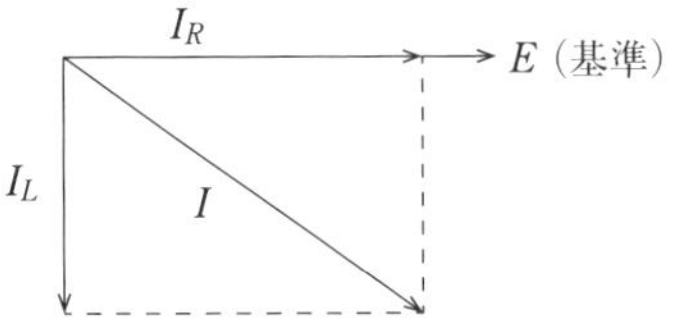

図 2.13

図 2.13 より，$I^2 = I_R{}^2 + I_L{}^2$ であるので，その電流の大きさ I〔A〕は，

$$I = \sqrt{I_R{}^2 + I_L{}^2} = \sqrt{0.8^2 + 0.6^2} = \sqrt{0.64 + 0.36} = \underline{1 \text{〔A〕}}$$

合成インピーダンスの大きさ Z〔Ω〕は，

$$Z = \frac{E}{I} = \frac{24}{1} = \underline{24 \text{〔Ω〕}}$$

コイルに交流電圧を加えると，
流れる電流の位相は 90 度遅れるよ．

正答 3

例題−15　*RLC* 直列回路の合成インピーダンスの大きさを求める問題

図において，抵抗の値が 5〔Ω〕，コンデンサのリアクタンスが 8〔Ω〕及びコイルのリアクタンスが 20〔Ω〕のとき，端子 ab 間の合成インピーダンスの大きさとして，正しいものを下の番号から選べ．

1　7〔Ω〕
2　13〔Ω〕
3　17〔Ω〕
4　23〔Ω〕
5　33〔Ω〕

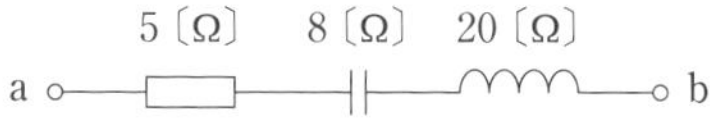

問題を解くヒント！

(1) コイルに電圧を加えると，電流は位相が 90 度遅れる．
(2) コンデンサに電圧を加えると，電流は位相が 90 度進む．
(3) コイルのリアクタンス X_L〔Ω〕とコンデンサのリアクタンス X_C〔Ω〕の性質は逆になる．

使う公式

R〔Ω〕の抵抗，リアクタンス X_L〔Ω〕のコイル，リアクタンス X_C〔Ω〕のコンデンサの直列回路の合成インピーダンスの大きさ Z〔Ω〕は，次式で表される．

$$Z=\sqrt{(R^2+(X_L-X_C)^2}\ 〔Ω〕$$

一般的な解き方！

題意より，$R=5$〔Ω〕，$X_L=20$〔Ω〕，$X_C=8$〔Ω〕であるので，合成インピーダンスの大きさ Z〔Ω〕は，

$$Z=\sqrt{R^2+(X_L-X_C)^2}=\sqrt{5^2+(20-8)^2}=\sqrt{5^2+12^2}$$
$$=\sqrt{25+144}=\sqrt{169}=\sqrt{13^2}=13\ 〔Ω〕$$

となる．

正答 2

参　考

設問の回路に電圧 V〔V〕を加えたとき，回路に電流 I〔A〕が流れたとし，抵抗の両端の電圧を V_R〔V〕，コイルの両端の電圧を V_L〔V〕，コンデンサの両端の電圧を V_C〔V〕とすると，$V_R=5I$〔V〕，$V_L=20I$〔V〕，$V_C=8I$〔V〕となる．V，I，V_R，V_L の関係を図示すると，**図 2.14** になる．**図 2.14** は**図 2.15** に書き換えることができる．

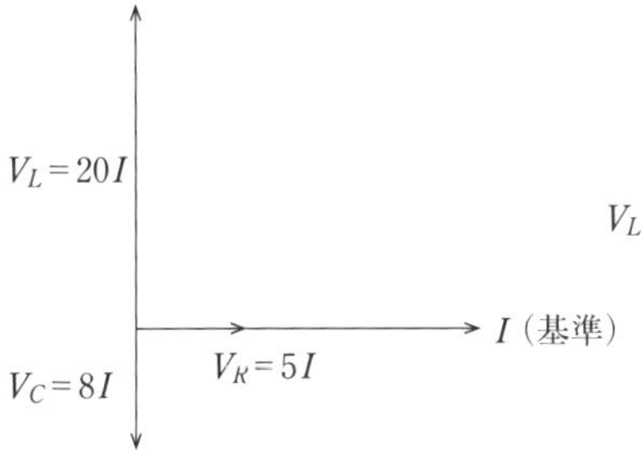

図 2.14

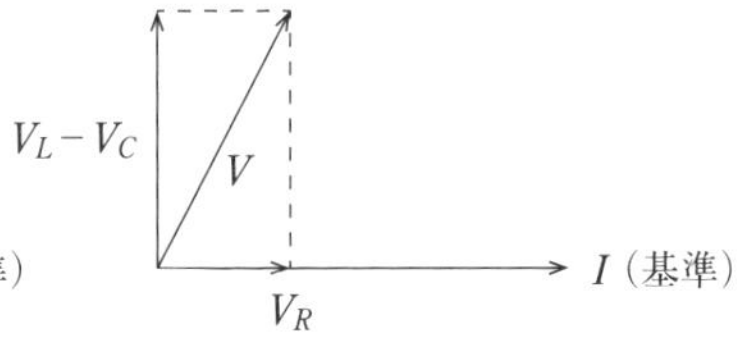

図 2.15

図 2.15 より，

$$V^2=V_R^2+(V_L-V_C)^2 \quad \cdots\cdots (1)$$

式 (1) に $V_R=5I$〔V〕，$V_L=20I$〔V〕，$V_C=8I$〔V〕を代入すると，

$$V^2=V_R^2+(V_L-V_C)^2=25I^2+144I^2=169I^2=13^2I^2 \quad \cdots\cdots (2)$$

式 (2) より，

$$V=13I \quad \cdots\cdots (3)$$

合成インピーダンスの大きさ Z〔Ω〕は式 (3) より，

$$Z=\frac{V}{I}=13\text{〔Ω〕}$$

となる．

例題−16　共振周波数を 1/2 倍にするインダクタンスの値を求める問題

図に示す直列共振回路において，共振周波数の値を 1/2 倍にするためには，コイルのインダクタンス L の値を何倍にすればよいか．次の番号から選べ．ただし，抵抗 R 及びコンデンサの静電容量 C の値は変化しないものとする．

1　1/4 倍
2　1/2 倍
3　$1/\sqrt{2}$倍
4　2 倍
5　4 倍

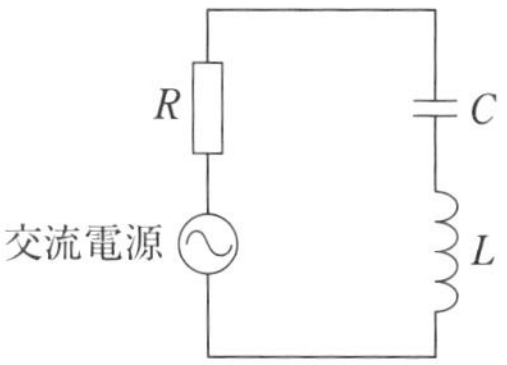

問題を解くヒント！

直列共振回路において，コンデンサの静電容量Cの値を固定とする場合，共振周波数を低くするには，コイルのインダクタンスLの値を大きくする．

使う公式

コイルのインダクタンスをL〔H〕，コンデンサの静電容量をC〔F〕とすると，直列共振回路の共振周波数f〔Hz〕は，次式で表される．

$$f=\frac{1}{2\pi\sqrt{LC}}\text{〔Hz〕}$$

コイルのリアクタンスωL〔Ω〕とコンデンサのリアクタンス$\dfrac{1}{\omega C}$〔Ω〕が等しいときに共振する．

$\omega L=\dfrac{1}{\omega C}$より，$\omega^2=\dfrac{1}{LC}$となり，$\omega=\dfrac{1}{\sqrt{LC}}$であるから，$2\pi f=\dfrac{1}{\sqrt{LC}}$となる．

よって，

$$f=\frac{1}{2\pi\sqrt{LC}}\text{〔Hz〕}$$

となる．

一般的な解き方！

直列共振回路の共振周波数f〔Hz〕は，次式で表される．

$$f=\frac{1}{2\pi\sqrt{LC}} \quad \cdots\cdots(1)$$

共振周波数fを 1/2 倍にすると，式 (1) は，

$$\frac{f}{2}=\frac{1}{4\pi\sqrt{LC}} \quad \cdots\cdots(2)$$

式(1)の両辺に
1/2を掛けるよ．

よって，コンデンサの静電容量Cの値が変化しないとき，式 (2) の右辺に等しくするには，式 (1) のLの値を4 倍にすればよい．

式(1)の L の値を4倍すると，

$$\frac{1}{2\pi\sqrt{4LC}}=\frac{1}{2\times2\pi\sqrt{LC}}=\frac{1}{4\pi\sqrt{LC}}$$

になるよ．

正答 5

例題－17　共振周波数を2倍にする静電容量の値を求める問題

図に示す直列共振回路において，共振周波数の値を2倍にするためには，可変コンデンサ C_V の容量を元の値の何倍にすればよいか．正しいものを下の番号から選べ．ただし，抵抗 R 及びコイル L の値は変化しないものとする．

1　1/4 倍
2　1/2 倍
3　$1/\sqrt{2}$倍
4　2 倍
5　4 倍

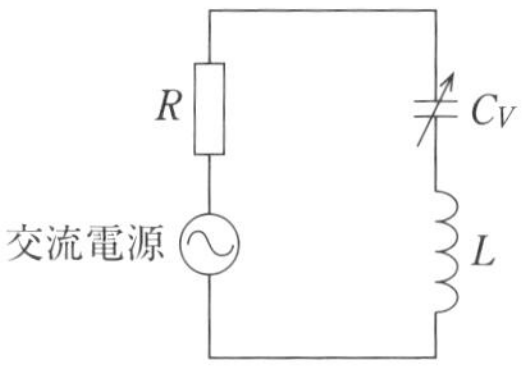

問題を解くヒント！

直列共振回路において，コイルのインダクタンス L の値を固定とする場合，共振周波数を高くするには，コンデンサの静電容量 C の値を小さくする．

使う公式

「例題－16」の共振周波数を求める公式を使う．

一般的な解き方！

直列共振回路の共振周波数 f〔Hz〕は，次式で表される．

$$f=\frac{1}{2\pi\sqrt{LC_V}} \qquad \cdots\cdots(1)$$

共振周波数を2倍にすると，式(1)は，

$$2f=\frac{1}{\pi\sqrt{LC_V}} \qquad \cdots\cdots(2)$$

式(1)の両辺に2を掛けるよ．

よって，コイル L の値が変化しないとき，式 (2) の右辺に等しくなるようにするには，式 (1) の C_V の値を 1/4 倍にすればよい．

式(1)の C_V の値を 1/4 倍すると，

$$\frac{1}{2\pi\sqrt{L\times\dfrac{C_V}{4}}}=\frac{1}{\dfrac{1}{2}\times 2\pi\sqrt{LC_V}}=\frac{1}{\pi\sqrt{LC_V}}$$

になるよ．

正答 1

例題－18　RLC 並列共振回路のインダクタンスの値を求める問題

図に示す RLC 並列回路の共振周波数 f が 1.8〔MHz〕のとき，コイル L の自己インダクタンスの値として，最も近いものを下の番号から選べ．ただし，抵抗 R は 50〔kΩ〕，コンデンサ C の静電容量は 150〔pF〕とする．また，$\pi^2=10$ とする．

1　50〔μH〕
2　100〔μH〕
3　200〔μH〕
4　500〔μH〕

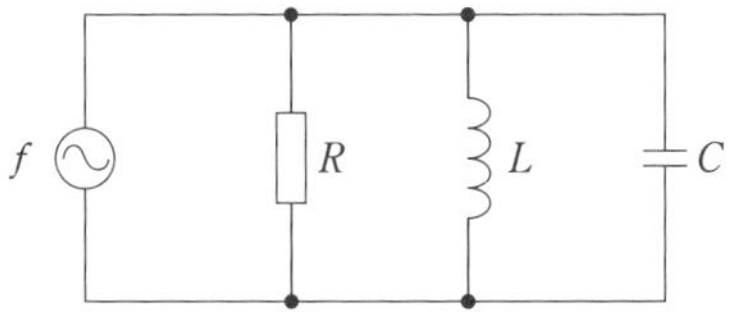

問題を解くヒント！

並列共振回路の共振周波数に抵抗は関係しない．共振周波数の式を変形してインダクタンス L を求める．

使う公式

コイルのインダクタンスを L〔H〕，コンデンサの静電容量を C〔F〕とすると，並列共振回路の共振周波数 f〔Hz〕は，次式で表される．

$$f=\frac{1}{2\pi\sqrt{LC}}\ \text{〔Hz〕}$$

並列共振回路が共振する条件は，コイルのリアクタンス ωL〔Ω〕とコンデンサのリアクタンス $\dfrac{1}{\omega C}$〔Ω〕が等しくなるときだよ．

一般的な解き方！

並列共振回路の共振周波数f〔Hz〕は，次式で表される．

$$f=\frac{1}{2\pi\sqrt{LC}} \quad \cdots\cdots(1)$$

式 (1) の両辺を 2 乗すると，

$$f^2=\frac{1}{4\pi^2LC} \quad \cdots\cdots(2)$$

式 (2) を変形してLを求める式にすると，

$$L=\frac{1}{4\pi^2f^2C} \quad \cdots\cdots(3)$$

式 (3) に題意の数値を代入すると，

$$L=\frac{1}{4\pi^2f^2C}=\frac{1}{4\pi^2\times(1.8\times10^6)^2\times150\times10^{-12}}=\frac{1}{4\times10\times3.24\times150}=\frac{1}{19{,}440}$$

$$\fallingdotseq 5\times10^{-5}=50\times10^{-6}〔\mathrm{H}〕=50〔\mu\mathrm{H}〕$$

となる．

題意より，$\pi^2=10$ で計算するよ．
M(メガ)は 10^6，μ(マイクロ)は 10^{-6}，p(ピコ)は 10^{-12} だよ．

簡易的な解き方！

並列共振回路の共振周波数f〔Hz〕は，次式で表される．

$$f=\frac{1}{2\pi\sqrt{LC}} \quad \cdots\cdots(1)$$

式 (1) の両辺を 2 乗すると，

$$f^2=\frac{1}{4\pi^2LC} \quad \cdots\cdots(2)$$

式 (2) を変形してLを求める式にすると，

$$L=\frac{1}{4\pi^2f^2C} \quad \cdots\cdots(3)$$

式 (3) に題意の数値を代入するが，周波数$f=1.8$〔MHz〕$\fallingdotseq 2$〔MHz〕$=2\times10^6$〔Hz〕として計算すると，

$$L=\frac{1}{4\pi^2f^2C}=\frac{1}{4\pi^2\times(2\times10^6)^2\times150\times10^{-12}}=\frac{1}{4\times10\times4\times150}=\frac{1}{24{,}000}$$

$$\fallingdotseq 4.2\times10^{-5}=42\times10^{-6}〔\mathrm{H}〕=42〔\mu\mathrm{H}〕$$

となる．

よって，42〔μH〕に最も近いものは選択肢 1 の 50〔μH〕である．

選択肢の数値がそれぞれ大きく違うので，1.8≒2 として計算しても近似値で求められるよ．

正答 1

例題－19　*RLC* 並列共振回路の静電容量の値を求める問題

図に示す *RLC* 並列回路の共振周波数 f が 10〔MHz〕のとき，コンデンサ C の静電容量の値として，最も近いものを下の番号から選べ．ただし，抵抗 R は 50〔kΩ〕，コイル L の自己インダクタンスは 5〔μH〕とする．また，π^2 ≒ 10 とする．

1　20〔pF〕
2　50〔pF〕
3　100〔pF〕
4　200〔pF〕

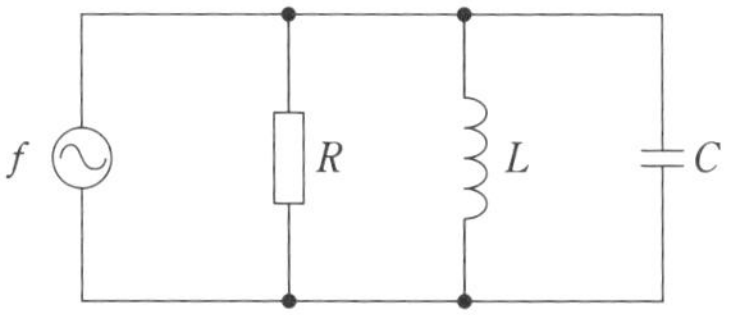

問題を解くヒント！

並列共振回路の共振周波数に抵抗は関係しない．共振周波数の式を変形して静電容量 C を求める．

使う公式

「例題－18」の並列共振回路の共振周波数を求める公式を使う．

一般的な解き方！

並列共振回路の共振周波数 f〔Hz〕は，次式で表される．

$$f=\frac{1}{2\pi\sqrt{LC}} \qquad \cdots\cdots(1)$$

式 (1) の両辺を 2 乗すると，

$$f^2 = \frac{1}{4\pi^2 LC} \qquad \cdots\cdots(2)$$

式 (2) を変形して C を求める式にすると，

$$C = \frac{1}{4\pi^2 f^2 L} \qquad \cdots\cdots(3)$$

式 (3) に題意の数値を代入すると，

$$C = \frac{1}{4\pi^2 f^2 L} = \frac{1}{4\pi^2 \times (10\times 10^6)^2 \times 5 \times 10^{-6}} = \frac{1}{4\times 10 \times 10^2 \times 10^{12} \times 5 \times 10^{-6}} = \frac{1}{2\times 10^{10}}$$

$$= 0.5\times 10^{-10} = 50 \times 10^{-12}〔\mathrm{F}〕= 50〔\mathrm{pF}〕$$

となる．

題意より，$\pi^2 \fallingdotseq 10$ で計算するよ．

正答 2

例題－20　並列共振回路のコンデンサの値を求める問題

図に示す回路が電源周波数 f に共振しているとき，ab 間のインピーダンスが 10〔kΩ〕であった．このときの可変コンデンサ C_V の値として最も近いものを下の番号から選べ．

1　100〔pF〕
2　150〔pF〕
3　200〔pF〕
4　250〔pF〕

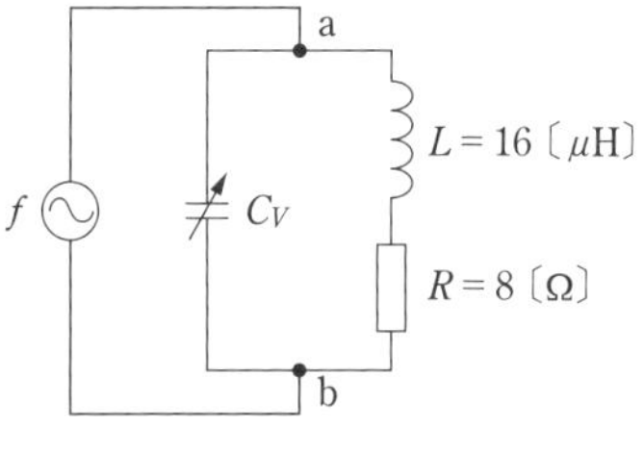

問題を解くヒント！

並列共振回路が共振する条件は，コイルのリアクタンス ωL〔Ω〕とコンデンサのリアクタンス $\dfrac{1}{\omega C}$〔Ω〕が等しくなるときである．

使う公式

抵抗 R〔Ω〕，インダクタンス L〔H〕のコイル，静電容量 C_V〔F〕のコンデンサの並列回路の共振時のインピーダンス Z〔Ω〕は，次式で表される.

$$Z=\frac{L}{C_V R}〔\Omega〕$$

一般的な解き方！

抵抗 R〔Ω〕，インダクタンス L〔H〕のコイル，静電容量 C_V〔F〕のコンデンサの並列回路の共振時のインピーダンス Z〔Ω〕は，次式で表される.

$$Z=\frac{L}{C_V R}〔\Omega〕 \quad \cdots\cdots(1)$$

式 (1) を変形して，C_V を求める式に変形すると，

$$C_V=\frac{L}{ZR} \quad \cdots\cdots(2)$$

式 (2) に，$Z=10$〔kΩ〕$=10\times10^3$〔Ω〕，$L=16$〔μH〕$=16\times10^{-6}$〔H〕，$R=8$〔Ω〕を代入すると，

$$C_V=\frac{L}{ZR}=\frac{16\times10^{-6}}{10\times10^3\times8}=\frac{16\times10^{-6}}{8\times10^4}=2\times10^{-10}=200\times10^{-12}〔\mathrm{F}〕=200〔\mathrm{pF}〕$$

となる.

正答 3

例題－21 変成器のインピーダンスの値を求める問題

図に示すように一次側及び二次側の巻線数がそれぞれ n_1 及び n_2 で，巻数比 $\frac{n_1}{n_2}=5$ の無損失の変成器（理想変成器）の二次側に 8〔Ω〕の抵抗を接続したとき，端子 ab から見たインピーダンスの値として，正しいものを下の番号から選べ.

1　160〔Ω〕
2　200〔Ω〕
3　240〔Ω〕
4　320〔Ω〕

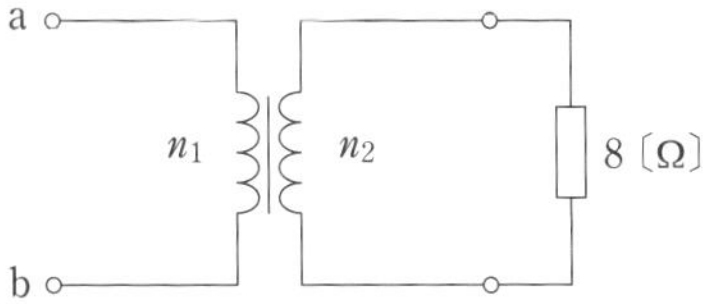

問題を解くヒント！

変成器の電圧は巻数に比例，電流は巻数に反比例する.

使う公式

(1) **図 2.16** に示す変成器の一次側の巻線数を n_1, 二次側の巻線数を n_2, 一次側電圧を V_1, 一次側電流を I_1, 二次側電圧を V_2, 二次側電流を I_2 とすると，次式が成立する.

$$V_1 : V_2 = n_1 : n_2$$

$$I_1 : I_2 = n_2 : n_1$$

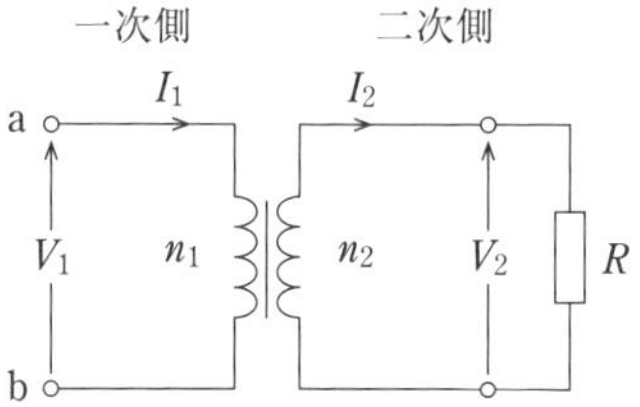

図 2.16

(2) 抵抗を R〔Ω〕とすると，**図 2.16** の端子 ab から見たインピーダンス Z_{ab}〔Ω〕は，次式で表される.

$$Z_{ab} = \left(\frac{n_1}{n_2}\right)^2 R \text{〔Ω〕}$$

一般的な解き方!

変成器の一次側の巻線数を n_1, 二次側の巻線数を n_2, 一次側電圧を V_1, 一次側電流を I_1, 二次側電圧を V_2, 二次側電流を I_2 とすると，次式が成立する.

$$V_1 : V_2 = n_1 : n_2 \qquad \cdots\cdots (1)$$

$$I_1 : I_2 = n_2 : n_1 \qquad \cdots\cdots (2)$$

式 (1) より,

$$V_1 = \frac{n_1}{n_2} V_2 \qquad \cdots\cdots (3)$$

式 (2) より,

$$I_1 = \frac{n_2}{n_1} I_2 \qquad \cdots\cdots (4)$$

端子 ab から見たインピーダンス Z_{ab}〔Ω〕は，式 (3)，式 (4) を使うと次のようになる. ただし，$R = V_2/I_2 = 8$〔Ω〕である.

$$Z_{ab} = \frac{V_1}{I_1} = \frac{\dfrac{n_1}{n_2} V_2}{\dfrac{n_2}{n_1} I_2} = \left(\frac{n_1}{n_2}\right)^2 \times \frac{V_2}{I_2} = 5^2 \times 8 = 200 \text{〔Ω〕}$$

簡易的な解き方！

$Z_{ab}=\left(\dfrac{n_1}{n_2}\right)^2 R$ の式に，$\dfrac{n_1}{n_2}=5$ 及び $R=8$〔Ω〕を代入すると，

$$Z_{ab}=\left(\frac{n_1}{n_2}\right)^2 R=5^2\times 8=200\text{〔Ω〕}$$

となる．

正答 2

例題－22　変成器の巻数比を求める問題

図に示す回路において，一次側及び二次側の巻線数がそれぞれ n_1 及び n_2 の無損失の変成器（理想変成器）の二次側に 600〔Ω〕の抵抗を接続したとき，端子 ab から見たインピーダンスの値を 5.4〔kΩ〕とするための変成器の巻数比（n_1/n_2）として，正しいものを下の番号から選べ．

1　15
2　12
3　9
4　6
5　3

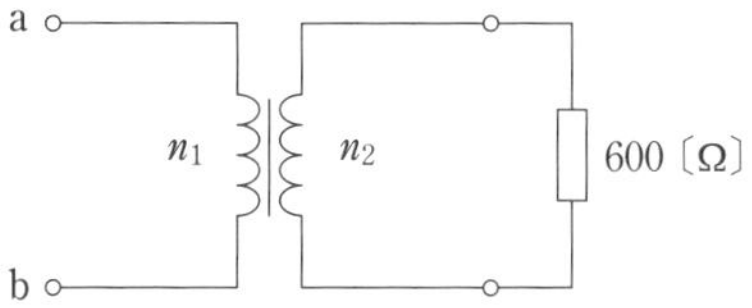

問題を解くヒント！

変成器の電圧は巻数に比例，電流は巻数に反比例する．

使う公式

「例題－21」の変成器のインピーダンスを求める公式を使う．

一般的な解き方！

変成器の一次側の巻線数を n_1，二次側の巻線数を n_2，一次側電圧を V_1，一次側電流を I_1，二次側電圧を V_2，二次側電流を I_2 とすると，次式が成立する．

$V_1 : V_2 = n_1 : n_2$ ……(1)

$I_1 : I_2 = n_2 : n_1$ ……(2)

式 (1) より,

$$V_1 = \frac{n_1}{n_2} V_2 \quad \cdots\cdots(3)$$

式 (2) より,

$$I_1 = \frac{n_2}{n_1} I_2 \quad \cdots\cdots(4)$$

端子abから見たインピーダンス Z_{ab}〔Ω〕は式 (3), 式 (4) を使うと, 次のようになる.

$$Z_{ab} = \frac{V_1}{I_1} = \frac{\dfrac{n_1}{n_2} V_2}{\dfrac{n_2}{n_1} I_2} = \left(\frac{n_1}{n_2}\right)^2 \times \frac{V_2}{I_2} \quad \cdots\cdots(5)$$

式 (5) に $Z_{ab} = 5.4$〔kΩ〕$= 5{,}400$〔Ω〕, $V_2/I_2 = 600$〔Ω〕を代入すると,

$$5{,}400 = \left(\frac{n_1}{n_2}\right)^2 \times 600 \quad \cdots\cdots(6)$$

式 (6) より,

$$\left(\frac{n_1}{n_2}\right)^2 = \frac{5{,}400}{600} = 9$$

よって,

$$\left(\frac{n_1}{n_2}\right) = 3$$

となる.

簡易的な解き方！

$Z_{ab} = \left(\dfrac{n_1}{n_2}\right)^2 R$ の式に, $Z_{ab} = 5.4$〔kΩ〕$= 5{,}400$〔Ω〕及び $R = 600$〔Ω〕を代入すると,

$$5{,}400 = \left(\frac{n_1}{n_2}\right)^2 \times 600 \text{〔Ω〕} \quad \cdots\cdots(1)$$

式 (1) より,

$$\left(\frac{n_1}{n_2}\right)^2 = \frac{5{,}400}{600} = 9$$

よって,

$$\left(\frac{n_1}{n_2}\right) = 3$$

となる.

正答 5

3 電子回路の計算問題を解く

例題－1　トランジスタ回路のコレクタ電流とコレクターエミッタ間電圧の値を求める問題

図に示すトランジスタ(Tr)回路のコレクタ電流 I_C 及びコレクターエミッタ間電圧 V_{CE} の値の正しい組合せを下の番号から選べ．ただし，Tr のエミッタ接地直流電流増幅率 h_{FE} を 100 とし，ベース電流 I_B を 40〔μA〕とする．

	I_C	V_{CE}
1	6〔mA〕	6〔V〕
2	6〔mA〕	8〔V〕
3	4〔mA〕	6〔V〕
4	4〔mA〕	8〔V〕
5	4〔mA〕	10〔V〕

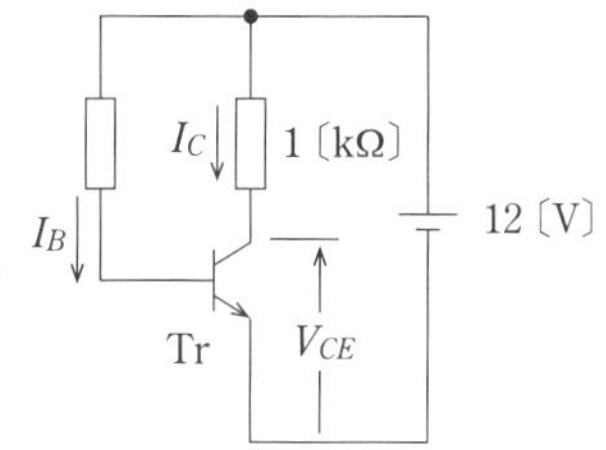

問題を解くヒント！

エミッタ接地直流電流増幅率 h_{FE} とベース電流 I_B からコレクタ電流 I_C を求める．

一般的な解き方！

(1) ベース電流を I_B〔A〕，コレクタ電流を I_C〔A〕とすると，エミッタ接地直流電流増幅率 h_{FE} は，次式で表される．

$$h_{FE}=\frac{I_C}{I_B}$$

エミッタ接地回路の入力電流はベース電流 I_B，出力電流はコレクタ電流 I_C だよ．

(2) 電流を I〔A〕，電圧を V〔V〕，抵抗を R〔Ω〕とすると，オームの法則より次式が成立する．

$$I=\frac{V}{R}\,〔\mathrm{A}〕\quad,\quad V=IR\,〔\mathrm{V}〕\quad,\quad R=\frac{V}{I}\,〔\Omega〕$$

一般的な解き方！

ベース電流をI_B〔A〕，コレクタ電流をI_C〔A〕とすると，エミッタ接地直流電流増幅率h_{FE}は，次式で表される．

$$h_{FE}=\frac{I_C}{I_B} \qquad \cdots\cdots(1)$$

式(1)を変形してI_Cを求めると，

$$I_C=h_{FE}\,I_B \qquad \cdots\cdots(2)$$

40〔μA〕$=40\times10^{-6}$〔A〕だよ．

式(2)に題意の数値を代入すると，

$I_C=h_{FE}\,I_B=100\times40\times10^{-6}=4\times10^3\times10^{-6}=4\times10^{-3}$〔A〕$=\underline{4〔\mathrm{mA}〕}$

コレクタに接続されている抵抗$R_C=1$〔kΩ〕の両端の電圧V〔V〕は，オームの法則より，

$V=I_C\,R_C=4\times10^{-3}\times1\times10^3=4$〔V〕

よって，コレクターエミッタ間電圧V_{CE}〔V〕は，

$V_{CE}=12-V=12-4=\underline{8〔\mathrm{V}〕}$

となる．

簡易的な解き方！

h_{FE}が100ということは，入力電流I_Bの100倍の電流が出力電流I_Cとして流れることを示しているので，40〔μA〕の100倍の4,000〔μA〕が出力電流I_Cになる．したがって，$I_C=4{,}000$〔μA〕$=\underline{4〔\mathrm{mA}〕}$である．

4,000〔μA〕$=4{,}000\times10^{-6}$〔A〕$=4\times10^3\times10^{-6}$〔A〕$=4\times10^{(3-6)}=4\times10^{-3}=4$〔mA〕だよ．

コレクタに接続されている抵抗$R_C=1$〔kΩ〕の両端の電圧V〔V〕は，オームの法則より，〔mA〕×〔kΩ〕=〔10^{-3}・A〕×〔10^3・Ω〕=〔A・Ω〕=〔V〕なので，

$V=I_C\,R_C=4\times1=4$〔V〕

よって，コレクターエミッタ間電圧V_{CE}〔V〕は，

$V_{CE}=12-V=12-4=\underline{8〔\mathrm{V}〕}$

となる．

正答 4

例題－2　バイアス回路の電圧と電流を求める問題

次の記述は，図に示すトランジスタ（Tr）回路のバイアス回路について述べたものである．□内に入れるべき字句の正しい組合せを下の番号から選べ．ただし，Tr の直流電流増幅率 h_{FE} は十分大きいものとし，動作時のベース・エミッタ間電圧は約 0.5〔V〕とする．

(1) Tr の h_{FE} が十分大きく，抵抗 R_1，R_2 を流れる電流に比べ，ベース電流が十分小さいとき，ベース電位 V_B は R_1 と R_2 の比で定まり，約 [A] となる．

(2) Tr のベース・エミッタ間電圧が与えられているので，エミッタ電位 V_E は，約 2.5〔V〕となる．よって，エミッタ電流は約 [B] となる．

(3) Tr の h_{FE} が十分大きいので，コレクタ電流はエミッタ電流とほぼ同じであり，コレクタの電位 V_C は，約 [C] となる．

	A	B	C
1	3.0〔V〕	2.0〔mA〕	5.0〔V〕
2	3.0〔V〕	2.5〔mA〕	5.0〔V〕
3	3.0〔V〕	2.5〔mA〕	7.0〔V〕
4	6.0〔V〕	2.0〔mA〕	7.0〔V〕
5	6.0〔V〕	2.5〔mA〕	5.0〔V〕

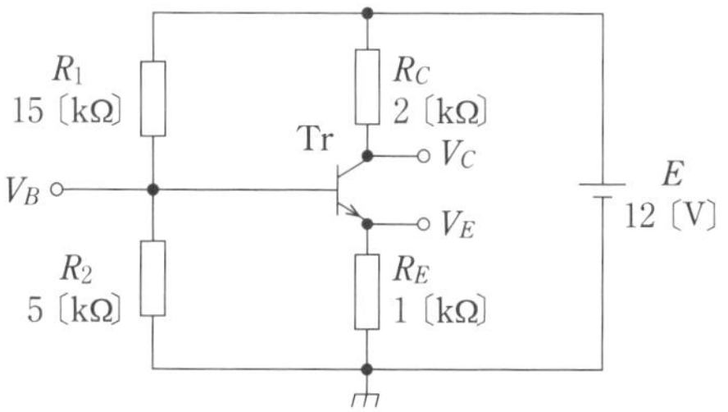

問題を解くヒント！

直流電流増幅率が十分大きいとき，ベース電流は十分小さい（ゼロ）と考える．

使う公式

(1)「例題－1」のエミッタ接地直流電流増幅率を求める公式を使う．

(2) コレクタ電流を I_C〔A〕，ベース電流を I_B〔A〕とすると，エミッタ電流 I_E〔A〕は，次式で表される．

$$I_E = I_C + I_B \text{〔A〕}$$

(3)「例題－1」のオームの法則を使う．

一般的な解き方！

(1) Tr の h_{FE} が十分大きいので，ベース電流は無視できる．ベース電位 V_B〔V〕は R_1 と R_2 の比で定まるので，

$$V_B=\frac{E}{R_1+R_2}\times R_2=\frac{12}{15\times10^3+5\times10^3}\times5\times10^3=\frac{60\times10^3}{20\times10^3}=\underline{3〔V〕}$$

(2) Tr のベース・エミッタ間電圧が約 0.5〔V〕と与えられているので，エミッタ電圧 V_E は，(3−0.5) で約 2.5〔V〕となる．よって，エミッタ電流 I_E〔A〕は，オームの法則より，

$$I_E=\frac{V_E}{R_E}=\frac{2.5}{1\times10^3}=2.5\times10^{-3}〔A〕=\underline{2.5〔mA〕}$$

(3) Tr の h_{FE} が十分大きいので，コレクタ電流はエミッタ電流とほぼ同じであり，コレクタの電位 V_C〔V〕は，

$$V_C=E-R_C I_C \fallingdotseq E-R_C I_E=12-2\times10^3\times2.5\times10^{-3}=12-5=\underline{7〔V〕}$$

$I_E=I_C+I_B$ だけど，ベース電流 I_B が十分小さいときは，$I_E \fallingdotseq I_C$ になるよ．

正答 3

例題−3　FET 増幅回路の電圧増幅度とバイアス抵抗の値を求める問題

図に示す電界効果トランジスタ(FET)を用いた増幅回路において，ドレイン電流(直流) I_D が 1〔mA〕，自己バイアス電圧 E_S が 0.6〔V〕，相互コンダクタンス g_m が 8〔mS〕であった．このときの電圧増幅度の大きさの値 A_V とバイアス抵抗 R_S の値の正しい組合せを下の番号から選べ．ただし，負荷抵抗 R_L の値は 4〔kΩ〕，ドレイン抵抗 r_D は，$r_D \gg R_L$ とし，コンデンサ C_S のインピーダンスは，十分小さな値とする．

	A_V	R_S
1	32	300〔Ω〕
2	32	600〔Ω〕
3	320	300〔Ω〕
4	320	600〔Ω〕

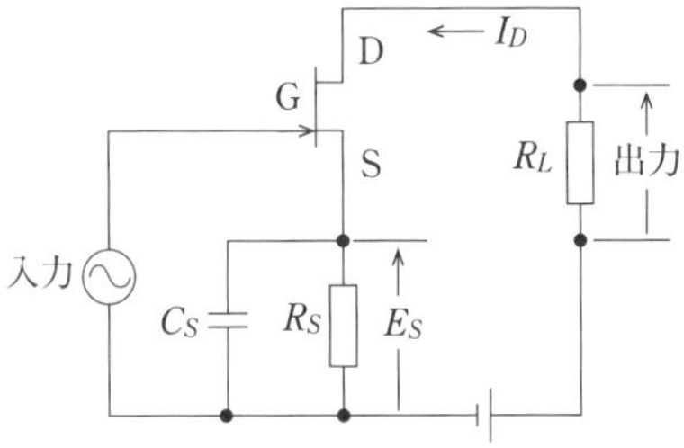

G：ゲート
D：ドレイン
S：ソース

問題を解くヒント！

$r_D \gg R_L$ に注目する．$r_D \gg R_L$ ならば，$r_D + R_L \fallingdotseq r_D$ となる．

使う公式

(1) FETの相互コンダクタンス g_m〔S〕，ドレイン抵抗 r_D〔Ω〕，増幅率 μ には，次式の関係がある．

$$\mu = g_m r_D$$

(2)「例題－1」のオームの法則を使う．

一般的な解き方！

設問の増幅回路の等価回路を**図 3.1** に示す．

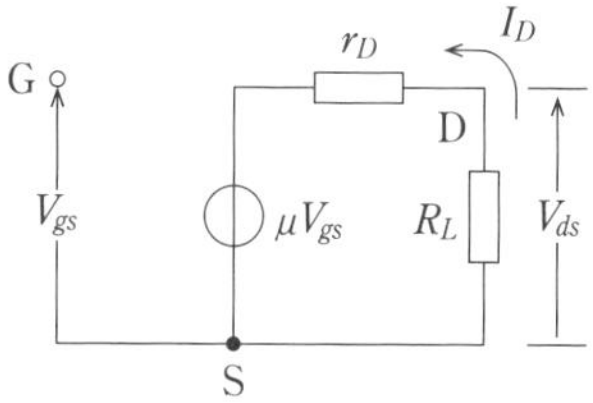

図 3.1

FETの増幅率を μ $(=g_m r_D)$，入力電圧を V_{gs}〔V〕とすると，ドレイン電流 I_D〔A〕は，

$$I_D = \frac{\mu V_{gs}}{r_D + R_L} \fallingdotseq \frac{\mu V_{gs}}{r_D} = g_m V_{gs} \qquad \cdots\cdots(1)$$

出力電圧の大きさを V_{ds}〔V〕とすると，式 (1) を使って，

$$V_{ds} = I_D R_L = g_m V_{gs} R_L$$

電圧増幅度の大きさ A_V は，

$$A_V = \frac{V_{ds}}{V_{gs}} = \frac{g_m V_{gs} R_L}{V_{gs}} = g_m R_L = 8 \times 10^{-3} \times 4 \times 10^{3} = \underline{32}$$

電圧増幅度の「大きさ」とは「絶対値」のことだよ．

自己バイアス電圧を E_S〔V〕，ドレイン電流を I_D〔A〕とすると，バイアス抵抗 R_S〔Ω〕は，オームの法則より，

$$R_S = \frac{E_S}{I_D} = \frac{0.6}{1 \times 10^{-3}} = 0.6 \times 10^{3} = \underline{600\ 〔\Omega〕}$$

正答 2

例題−4　増幅器のひずみ率の値を求める問題

増幅器の出力側において，基本波の電圧の実効値が 50〔V〕，第二高調波の電圧の実効値が 0.4〔V〕，第三高調波の電圧の実効値が 0.3〔V〕であった．このときのひずみ率の値として，正しいものを下の番号から選べ．

1　1〔%〕　　2　3〔%〕　　3　5〔%〕　　4　10〔%〕

問題を解くヒント！

ひずみ率とは増幅器等に正弦波を入力したとき，出力電圧にどの程度高調波が含まれているかを表したものである．

使う公式

基本波の電圧の実効値を V_1〔V〕，第二高調波の電圧の実効値を V_2〔V〕，第三高調波の電圧の実効値を V_3〔V〕とすると，ひずみ率 K〔%〕は，次式で表される．

$$K=\frac{\sqrt{{V_2}^2+{V_3}^2}}{V_1}\times 100\ \text{〔\%〕}$$

一般的な解き方！

基本波の電圧の実効値を V_1〔V〕，第二高調波の電圧の実効値を V_2〔V〕，第三高調波の電圧の実効値を V_3〔V〕とすると，ひずみ率 K〔%〕は，次式で表される．

$$K=\frac{\sqrt{{V_2}^2+{V_3}^2}}{V_1}\times 100\ \text{〔\%〕} \qquad \cdots\cdots(1)$$

式 (1) に $V_1=50$〔V〕，$V_2=0.4$〔V〕，$V_3=0.3$〔V〕を代入すると，ひずみ率 K〔%〕は，

$$K=\frac{\sqrt{{V_2}^2+{V_3}^2}}{V_1}\times 100=\frac{\sqrt{0.4^2+0.3^2}}{50}\times 100=\frac{\sqrt{0.25}}{50}\times 100=\frac{0.5}{50}\times 100=1\ \text{〔\%〕}$$

となる．

正答 1

例題−5　コルピッツ発振回路の発振周波数の値を求める問題

図に示すコルピッツ発振回路の原理図における発振周波数の値として，最も近いものを下の番号から選べ．ただし，コンデンサ C_1 及び C_2 の静電容量はそれぞれ 0.004〔μF〕，コイル L のインダクタンスは 2〔mH〕とする．

1　50〔kHz〕
2　80〔kHz〕
3　120〔kHz〕
4　160〔kHz〕
5　280〔kHz〕

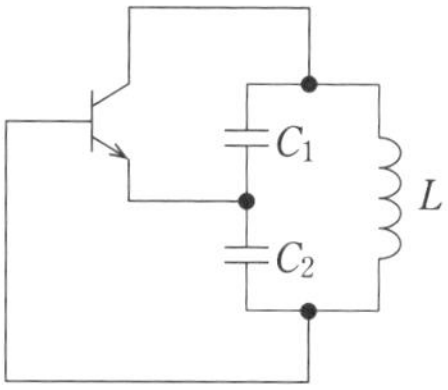

問題を解くヒント！

コンデンサ C_1〔F〕とコンデンサ C_2〔F〕の直列回路の合成静電容量を求める．

使う公式

(1) コンデンサ C_1〔F〕とコンデンサ C_2〔F〕の直列合成静電容量 C_S〔F〕は，次式で表される．

$$C_S=\frac{1}{\dfrac{1}{C_1}+\dfrac{1}{C_2}}=\frac{C_1\times C_2}{C_1+C_2}\text{〔F〕}$$

(2) コイルのインダクタンスを L〔H〕，コンデンサの静電容量を C〔F〕とすると，発振周波数 f〔Hz〕は，次式で表される．

$$f=\frac{1}{2\pi\sqrt{LC}}\text{〔Hz〕}$$

一般的な解き方！

コンデンサ C_1 と C_2 の直列合成静電容量 C_S〔F〕は，

$$C_S=\frac{1}{\dfrac{1}{C_1}+\dfrac{1}{C_2}}=\frac{1}{\dfrac{1}{0.004}+\dfrac{1}{0.004}}=\frac{1}{\dfrac{2}{0.004}}=\frac{0.004}{2}$$

$$=0.002\text{〔}\mu\text{F〕}=2\times10^{-3}\text{〔}\mu\text{F〕}=2\times10^{-3}\times10^{-6}\text{〔F〕}=2\times10^{-9}\text{〔F〕}$$

$$C_S=\frac{C_1\times C_2}{C_1+C_2}=\frac{0.004\times 0.004}{0.004+0.004}=\frac{0.004\times 0.004}{0.008}=\frac{0.004}{2}$$
$$=0.002〔\mu\text{F}〕=2\times 10^{-3}〔\mu\text{F}〕=2\times 10^{-3}\times 10^{-6}〔\text{F}〕=2\times 10^{-9}〔\text{F}〕$$

で C_S を求めてもいいよ.

コイルのインダクタンスを L〔H〕，コンデンサの静電容量を C_S〔F〕とすると，発振周波数 f〔Hz〕は，

$$f=\frac{1}{2\pi\sqrt{LC_S}}=\frac{1}{2\pi\sqrt{2\times 10^{-3}\times 2\times 10^{-9}}}=\frac{1}{2\pi\sqrt{4\times 10^{-12}}}$$
$$=\frac{1}{2\pi\times 2\times 10^{-6}}=\frac{10^6}{4\pi}=\frac{10^6}{4\times 3.14}=\frac{10^3\times 10^3}{12.56}\fallingdotseq 80\times 10^3〔\text{Hz}〕=80〔\text{kHz}〕$$

となる.

簡易的な解き方！

同じ静電容量 C〔F〕のコンデンサを 2 個直列接続すると，静電容量は半分の $\frac{C}{2}$〔F〕になる．したがって，静電容量が 0.004〔μF〕のコンデンサ C_1，C_2 を直列接続すると，半分の 0.002〔μF〕になる.

$0.002〔\mu\text{F}〕=2\times 10^{-3}〔\mu\text{F}〕=2\times 10^{-3}\times 10^{-6}〔\text{F}〕=2\times 10^{-9}〔\text{F}〕$ なので，発振周波数 f〔Hz〕は，

$$f=\frac{1}{2\pi\sqrt{LC}}=\frac{1}{2\pi\sqrt{2\times 10^{-3}\times 2\times 10^{-9}}}=\frac{1}{2\pi\sqrt{4\times 10^{-12}}}$$
$$=\frac{1}{2\pi\times 2\times 10^{-6}}=\frac{10^6}{4\pi}=\frac{10^6}{4\times 3.14}=\frac{10^3\times 10^3}{12.56}\fallingdotseq 80\times 10^3〔\text{Hz}〕=80〔\text{kHz}〕$$

となる.

正答 2

参 考

本問のコルピッツ発振回路の発振周波数を次のように表す場合もある.

$$f=\frac{1}{2\pi\sqrt{L\frac{C_1\times C_2}{C_1+C_2}}}〔\text{Hz}〕$$

$$f=\frac{1}{2\pi}\sqrt{\frac{1}{L}\left(\frac{1}{C_1}+\frac{1}{C_2}\right)}〔\text{Hz}〕$$

4 送信機の計算問題を解く

例題－1　AM 送信機の平均電力の値を求める問題

AM(A3E)送信機において，無変調時の搬送波電力が 200〔W〕，変調信号が単一正弦波で変調度 70〔%〕のときの，振幅変調(A3E)波の平均電力の値として，最も近いものを下の番号から選べ．

1　140〔W〕
2　176〔W〕
3　207〔W〕
4　225〔W〕
5　249〔W〕

問題を解くヒント！

振幅変調波は，搬送波＋上側波＋下側波で構成されている．変調度を上げると上側波及び下側波の電力が増加する．

使う公式

無変調時の搬送波電力を P_C〔W〕，変調度を m とすると，振幅変調波の平均電力 P_m〔W〕は，次式で表される．

$$P_m = P_C\left(1 + \frac{m^2}{2}\right)\text{〔W〕}$$

一般的な解き方！

搬送波電力P_C〔W〕の AM（A3E）送信機を変調度mで変調すると，振幅変調波の平均電力P_m〔W〕は，次式で表される．

$$P_m = P_C\left(1+\frac{m^2}{2}\right) \quad \cdots\cdots(1)$$

式（1）に$P_C=200$〔W〕，$m=0.7$を代入すると，

$$P_m = P_C\left(1+\frac{m^2}{2}\right) = 200\times\left(1+\frac{0.7^2}{2}\right) = 200\times\left(1+\frac{0.49}{2}\right)$$

$$=200\times(1+0.245)=200\times1.245=249\text{〔W〕}$$

となる．

正答 5

例題－2　電力増幅器の直流供給電圧の値を求める問題

電力増幅器において，高周波出力電力が 200〔W〕で直流供給電流が 6.25〔A〕のときの直流供給電圧の値として，正しいものを下の番号から選べ．ただし，電力増幅器の電力効率は 80〔%〕とする．

1　30〔V〕　　2　40〔V〕　　3　50〔V〕　　4　60〔V〕

問題を解くヒント！

電力増幅器から出力される高周波電力は，電力増幅器に加えられた直流供給電力より小さい．

使う公式

(1) 直流電圧をV〔V〕，直流電流をI〔A〕とすると，直流電力P〔W〕は，次式で表される．

$$P=VI\text{〔W〕}$$

(2) 直流供給電力をP〔W〕，高周波出力電力をp〔W〕とすると，電力効率η〔%〕は，次式で表される．

$$\eta=\frac{p}{P}\times100\text{〔\%〕}$$

一般的な解き方！

直流供給電力を P〔W〕，高周波出力電力を p〔W〕とすると，電力効率 η〔%〕は，次式で表される．

$$\eta=\frac{p}{P}\times 100 \qquad \cdots\cdots(1)$$

式 (1) を変形して直流供給電力 P〔W〕を求めると，

$$P=\frac{p}{\eta}\times 100\ \text{〔W〕} \qquad \cdots\cdots(2)$$

式 (2) に $p=200$〔W〕，$\eta=80$〔%〕を代入すると，

$$P=\frac{p}{\eta}\times 100=\frac{200}{80}\times 100=\frac{200}{0.8}=250\ \text{〔W〕} \qquad \cdots\cdots(3)$$

直流供給電力 P〔W〕は，直流供給電圧 V〔V〕と直流供給電流 I〔A〕の積であるので，

$$P=VI \qquad \cdots\cdots(4)$$

式 (4) を変形して直流供給電圧 V〔V〕を求めると，

$$V=\frac{P}{I}\ \text{〔V〕} \qquad \cdots\cdots(5)$$

式 (5) に $P=250$〔W〕，$I=6.25$〔A〕を代入すると，

$$V=\frac{P}{I}=\frac{250}{6.25}=40\ \text{〔V〕}$$

となる．

正答 2

5 受信機の計算問題を解く

例題－1　スーパヘテロダイン受信機の影像周波数の値を求める問題

図に示すスーパヘテロダイン A1A 受信機の構成例において，受信周波数 f_R が 7.1〔MHz〕のときの影像周波数の値として，正しいものを下の番号から選べ．ただし，中間周波数 f_I は 455〔kHz〕とし，局部発振器の発振周波数 f_L は受信周波数 f_R より高いものとする．

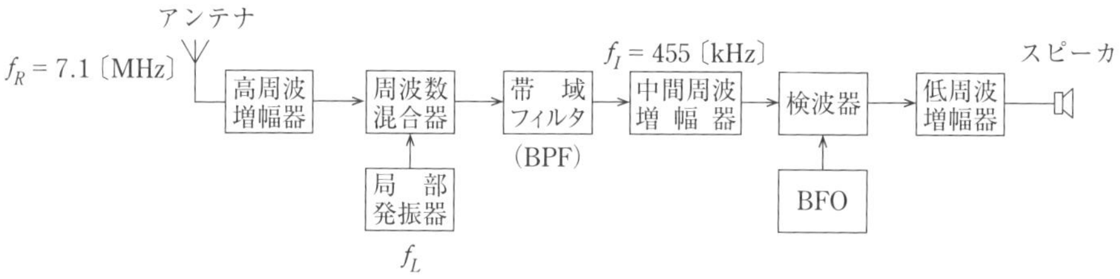

1　6.190〔MHz〕
2　6.645〔MHz〕
3　7.555〔MHz〕
4　8.010〔MHz〕

問題を解くヒント！

スーパヘテロダイン方式の受信機は，受信周波数 f_R〔Hz〕と局部発振器の発振周波数 f_L〔Hz〕を周波数混合器で混合して，中間周波数 f_I〔Hz〕を生成するように構成されている感度のよい受信方式であるが，欠点として影像周波数混信がある．

使う公式

(1) 受信周波数を f_R〔Hz〕，局部発振器の発振周波数を f_L〔Hz〕とすると，$f_R>f_L$ のとき，中間周波数 f_I〔Hz〕は，$f_I=f_R-f_L$ となる．**図 5.1 (a)** に示すように，f_L〔Hz〕よりさらに f_I〔Hz〕だけ低いところに周波数 $f_U=f_R-2f_I$〔Hz〕があると，中間周波数に変換されるため妨害波になる．f_U〔Hz〕を影像周波数という．

(2) $f_R<f_L$ のとき，$f_I=f_L-f_R$ となる．この場合，**図 5.1 (b)** に示すように，影像周波数 f_U〔Hz〕は，$f_U=f_R+2f_I$〔Hz〕となる．

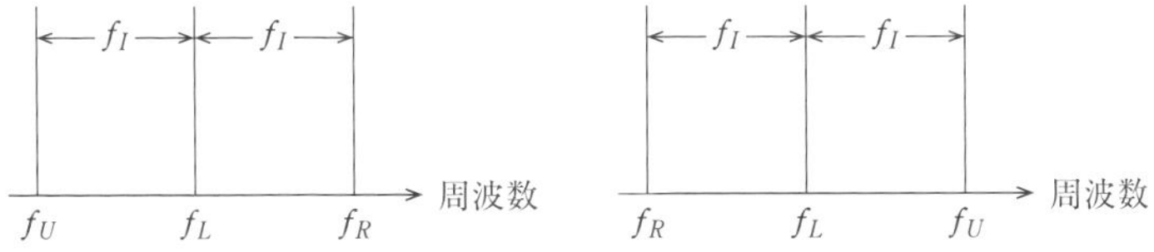

(a) $f_R>f_L$ の場合の影像周波数　　(b) $f_R<f_L$ の場合の影像周波数

図 5.1

一般的な解き方！

題意より，局部発振器の発振周波数 f_L〔Hz〕が受信周波数 f_R〔Hz〕より高い（$f_R<f_L$）ので，影像周波数 f_U〔Hz〕は，次式で表される．

$$f_U=f_R+2f_I \qquad \cdots\cdots (1)$$

式 (1) に $f_R=7.1$〔MHz〕，$f_I=455$〔kHz〕$=0.455$〔MHz〕を代入すると，

$$f_U=f_R+2f_I=7.1+2\times0.455=8.010 \text{〔MHz〕}$$

となる．

各周波数の単位を統一する必要があるよ．
455〔kHz〕=0.455〔MHz〕だよ．

正答 4

例題−2　局部発振周波数と影像周波数を求める問題

スーパヘテロダイン受信機において，受信周波数 145.2〔MHz〕を局部発振周波数 f_L〔MHz〕と共に周波数混合器に加えて，中間周波数 10.7〔MHz〕を得るとき，局部発振周波数 f_L〔MHz〕及び影像周波数 f_U〔MHz〕の組合せとして，正しいものを下の番号から選べ．

	f_L	f_U
1	155.9	166.6
2	155.9	123.8
3	134.5	166.6
4	134.5	155.9

問題を解くヒント！

スーパヘテロダイン方式の受信機の特徴は，受信周波数 f_R〔Hz〕と局部発振器の発振周波数 f_L〔Hz〕を周波数混合器で混合して，中間周波数 f_I〔Hz〕を生成することである．

使う公式

受信周波数を f_R〔Hz〕，局部発振器の発振周波数を f_L〔Hz〕，中間周波数を f_I〔Hz〕とすると，影像周波数 f_U〔Hz〕は，次式で表される．

(1) $f_R > f_L$ のとき，

$$f_U = f_R - 2f_I \text{〔Hz〕}$$

(2) $f_R < f_L$ のとき，

$$f_U = f_R + 2f_I \text{〔Hz〕}$$

一般的な解き方！

(1) $f_R > f_L$ のとき，$f_I = f_R - f_L$ より，

$$f_L = f_R - f_I = 145.2 - 10.7 = 134.5 \text{〔MHz〕}$$

よって，f_U は，

$$f_U = f_R - 2f_I = 145.2 - 2 \times 10.7 = 145.2 - 21.4 = 123.8 \text{〔MHz〕}$$

これを図示すると，**図 5.2** になる．

(2) $f_R < f_L$ のとき，$f_I = f_L - f_R$ より，

$f_L = f_R + f_I = 145.2 + 10.7 = 155.9$〔MHz〕

よって，f_U は，

$f_U = f_R + 2f_I = 145.2 + 2 \times 10.7 = 145.2 + 21.4 = 166.6$〔MHz〕

これを図示すると，**図 5.3** になる．

該当する数値がある選択肢は「1」である．

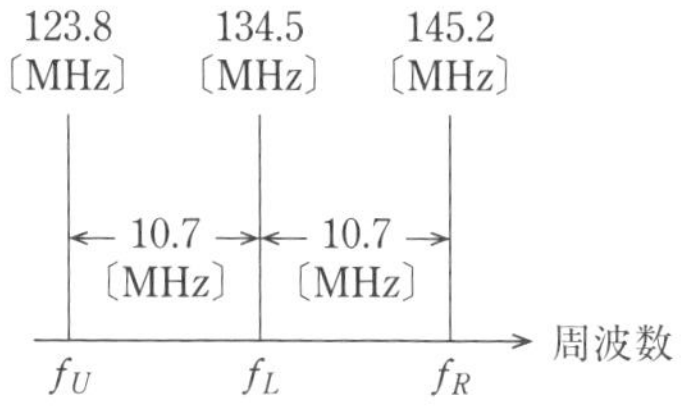

図 5.2

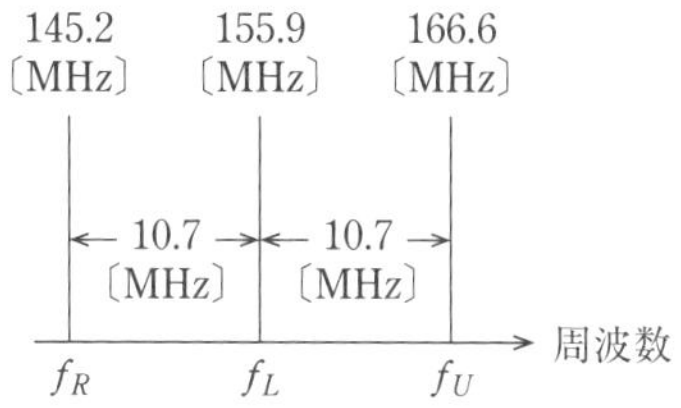

図 5.3

正答 1

例題－3　SSB 受信機の中間周波数を求める問題

図は，SSB（J3E）受信機の構成例を示したものである．中間周波増幅器の出力信号の周波数として，正しいものを下の番号から選べ．ただし，アンテナの受信波，第 1 局部発振器，第 2 局部発振器及びスピーカからの出力信号の周波数を，それぞれ 3,600〔kHz〕，3,145〔kHz〕，453.5〔kHz〕及び 1.5〔kHz〕とする．

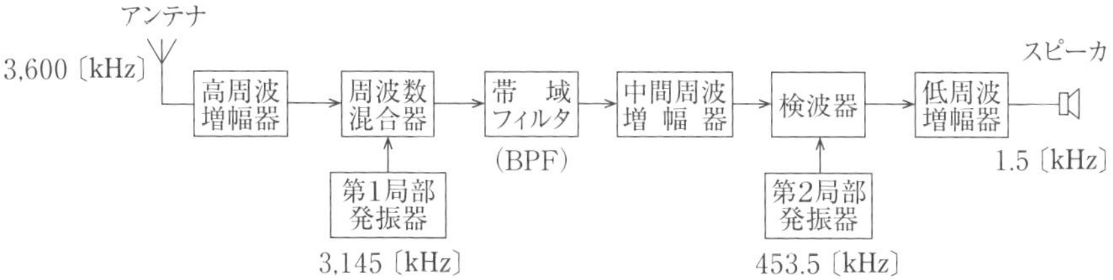

1　450.5〔kHz〕
2　452.0〔kHz〕
3　453.5〔kHz〕
4　455.0〔kHz〕

問題を解くヒント!

スーパヘテロダイン方式の受信機の特徴は，受信周波数f_R〔Hz〕と局部発振器の発振周波数f_L〔Hz〕を周波数混合器で混合して，中間周波数f_I〔Hz〕を生成することである.

使う公式

受信周波数をf_R〔Hz〕，第1局部発振器の周波数をf_{L1}〔Hz〕とすると，$f_R > f_{L1}$であるので，中間周波数f_I〔Hz〕は，次式で表される.

$f_I = f_R - f_{L1}$〔Hz〕

一般的な解き方!

受信周波数をf_R〔Hz〕，第1局部発振器の周波数をf_{L1}〔Hz〕とすると，$f_R > f_{L1}$であるので，中間周波数f_I〔Hz〕は，次式で表される.

$$f_I = f_R - f_{L1} \text{〔Hz〕} \quad \cdots\cdots (1)$$

式(1)に$f_R = 3{,}600$〔kHz〕，$f_{L1} = 3{,}145$〔kHz〕を代入すると，

$$f_I = f_R - f_{L1} = 3{,}600 - 3{,}145 = 455 \text{〔kHz〕}$$

となる.

周波数の単位が同じであることを確認してから計算してね.

正答 4

6 電源の計算問題を解く

例題－1　負荷にかかる脈流電圧の平均値を求める問題

図に示す整流回路において，電源電圧 E が実効値 30〔V〕の正弦波交流であるとき，負荷にかかる脈流電圧の平均値として，最も近いものを下の番号から選べ．ただし，D_1 から D_4 までのダイオードの特性は，理想的なものとする．

1　12〔V〕
2　16〔V〕
3　21〔V〕
4　27〔V〕

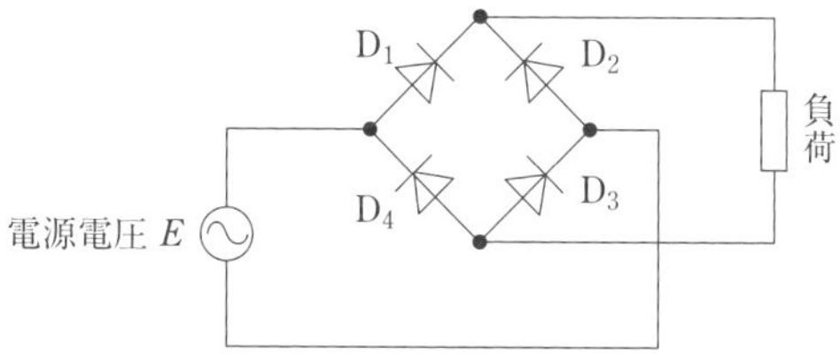

問題を解くヒント！

全波整流回路の平均値は半周期の π で割るので，平均値の分母は π になる．

使う公式

(1) 正弦波交流電圧の実効値を V_e〔V〕とすると，最大値 V_m〔V〕は，次式で表される．

$$V_m = \sqrt{2}\, V_e \text{〔V〕}$$

(2) 正弦波交流電圧の最大値を V_m〔V〕とすると，平均値 V_a〔V〕は，次式で表される．

$$V_a = \frac{2V_m}{\pi} \text{〔V〕}$$

一般的な解き方！

負荷にかかる電圧波形は，**図 6.1** のようになる．

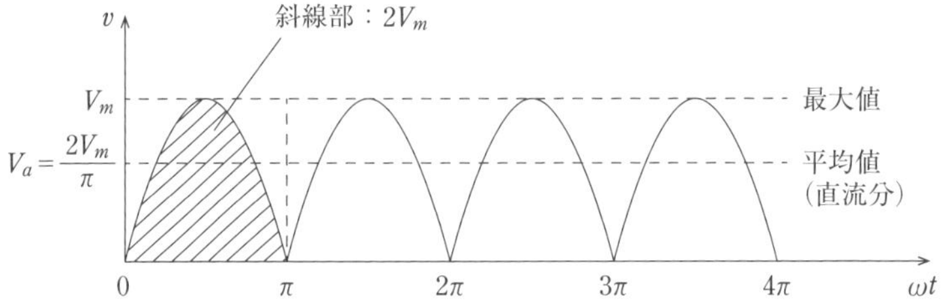

図 6.1

平均値 V_a〔V〕を求めるには，最大値を V_m〔V〕とすると，**図 6.1** の斜線部分 $2V_m$ を π で割ればよいので，次式で表される．

$$V_a=\frac{2V_m}{\pi}\text{〔V〕}$$

実効値 $V_e=30$〔V〕なので，最大値 V_m〔V〕は，

$$V_m=\sqrt{2}\,V_e=\sqrt{2}\times 30\text{〔V〕}$$

よって，平均値 V_a〔V〕は，

$$V_a=\frac{2V_m}{\pi}=\frac{2\times\sqrt{2}\times 30}{3.14}=\frac{2\times 1.41\times 30}{3.14}=\frac{84.6}{3.14}\fallingdotseq 27$$

となる．

$\sqrt{2}\fallingdotseq 1.41$,
$\pi\fallingdotseq 3.14$
で計算するよ．

正答 4

例題-2　ダイオードに加わる逆電圧の最大値を求める問題

図に示す整流回路において，交流電源電圧 V が実効値 12〔V〕の正弦波交流電圧であるとき，電気的特性が同一の各ダイオード D に加わる逆電圧の最大値として，最も近いものを次の番号から選べ．ただし，交流電源電圧を加える前に，コンデンサには電荷が蓄えられていなかったものとし，整流回路は理想的に動作するものとする．

1　13〔V〕
2　15〔V〕
3　17〔V〕
4　19〔V〕
5　21〔V〕

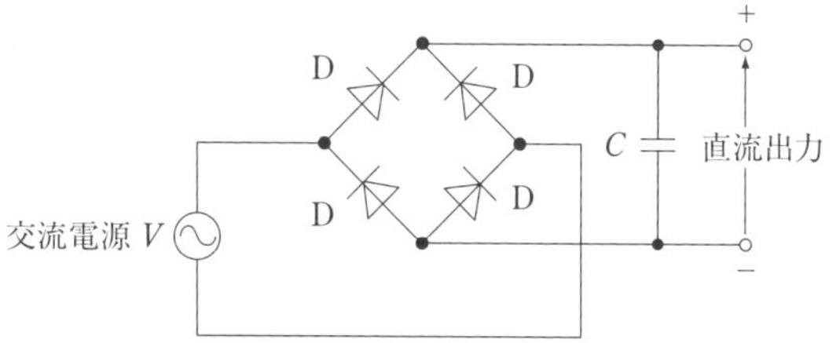

問題を解くヒント！

実効値 V_e〔V〕の電圧でコンデンサを充電すると，コンデンサの端子電圧は最大値の $\sqrt{2}\,V_e$〔V〕になる．

使う公式

「例題－1」の正弦波交流電圧の最大値を求める公式を使う．

一般的な解き方！

図 6.2 に示すように，交流電源の a 側がプラスになったときは，D_1，D_3 が導通状態となるので，D_1 及び D_3 を導線と考えることができる．よって，D_2，D_4 は並列接続になり，逆方向に電源電圧の実効値 V_e〔V〕の最大値である $\sqrt{2}\,V_e = 1.41 \times 12 \fallingdotseq 17$〔V〕が加わる．

図 6.3 に示すように，交流電源の b 側がプラスになったときは，D_2，D_4 が導通状態となるので，D_2 及び D_4 を導線と考えることができる．よって，D_1，D_3 は並列接続になり，逆方向に電源電圧の実効値 V_e〔V〕の最大値である $\sqrt{2}\,V_e = 1.41 \times 12 \fallingdotseq 17$〔V〕が加わる．

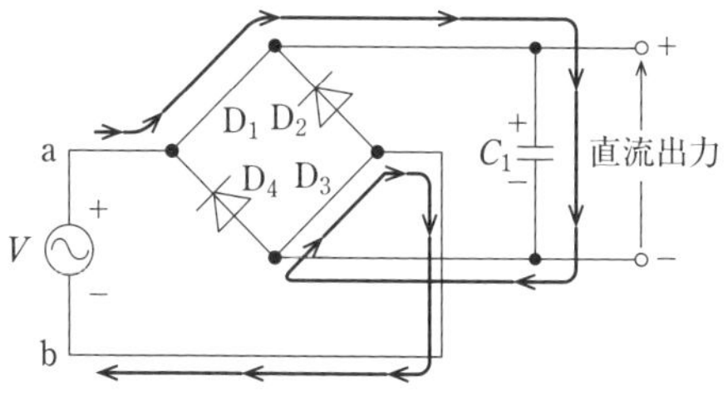

図6.2

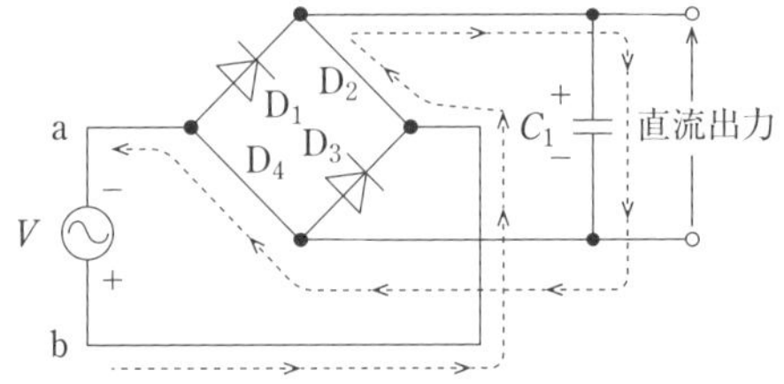

図6.3

ダイオードを 2 個使った全波整流回路に比べると，ダイオードを 4 個使ったブリッジ形整流回路のダイオードの逆方向電圧は，1/2 ですむ利点があるよ．

正答 3

例題－3　電圧変動率の値を求める問題

電源回路において，定格負荷時の出力電圧が 12.5〔V〕，無負荷時の出力電圧が 14.0〔V〕であった．この回路の電圧変動率の値として，最も近いものを下の番号から選べ．

1　6〔%〕
2　8〔%〕
3　10〔%〕
4　12〔%〕

問題を解くヒント！

電源回路の定格負荷時の電圧は，無負荷時の電圧より低下する．

使う公式

無負荷時の出力電圧を V_0〔V〕，定格負荷時の出力電圧を V_L〔V〕とすると，電圧変動率 δ〔%〕は，次式で表される．

$$\delta = \frac{V_0 - V_L}{V_L} \times 100 〔\%〕$$

一般的な解き方!

無負荷時の電圧を V_0〔V〕，定格負荷時の出力電圧を V_L〔V〕とすると，電圧変動率 δ〔%〕は，次式で表される.

$$\delta = \frac{V_0 - V_L}{V_L} \times 100 〔\%〕 \qquad \cdots\cdots(1)$$

式 (1) に $V_0 = 14$〔V〕，$V_L = 12.5$〔V〕を代入すると，

$$\delta = \frac{V_0 - V_L}{V_L} \times 100 = \frac{14.0 - 12.5}{12.5} \times 100 = \frac{1.5}{12.5} \times 100 = 12 〔\%〕$$

となる.

正答 4

7 アンテナの計算問題を解く

例題－1 アンテナを共振させる方法の問題

長さが 2.6〔m〕の 1/4 波長垂直接地アンテナを用いて周波数が 21〔MHz〕の電波を放射するとき，この周波数でアンテナを共振させるために一般的に用いられる方法として，正しいものを下の番号から選べ．ただし，アンテナの短縮率は無視するものとする．

1　アンテナにコイルを直列に接続する．
2　アンテナに抵抗を直列に接続する．
3　アンテナにコンデンサを直列に接続する．
4　アンテナの接地抵抗を小さくする．

問題を解くヒント！

周波数が 21〔MHz〕の電波の 1/4 波長のアンテナの長さを求める．

使う公式

(1) 周波数を f〔Hz〕，電波の速度を $c=3\times10^8$〔m/s〕とすると，電波の波長 λ〔m〕は，次式で表される．

$$\lambda=\frac{c}{f}=\frac{3\times10^8}{f}\ \text{〔m〕}$$

(2) 周波数 f の単位を〔MHz〕とすると，電波の波長 λ〔m〕は，次式で表される．

$$\lambda=\frac{300}{f\ \text{〔MHz〕}}\ \text{〔m〕}$$

一般的な解き方！

周波数f=21〔MHz〕の電波の波長λ〔m〕は，

$$\lambda=\frac{300}{f\,〔\mathrm{MHz}〕}=\frac{300}{21}=\frac{100}{7}\,〔\mathrm{m}〕$$

垂直接地アンテナの固有波長は1/4 波長だよ．覚えてね．

垂直接地アンテナの固有波長は1/4 波長なので，

$$\frac{100}{7}\times\frac{1}{4}=\frac{25}{7}\fallingdotseq 3.57\,〔\mathrm{m}〕$$

周波数が21〔MHz〕の電波を共振させるためにはアンテナの長さが3.57〔m〕必要である．2.6〔m〕のアンテナでは短すぎるので，アンテナにコイル（延長コイルという）を直列に接続しなければならない．

正答 1

例題－2　アンテナを共振させる方法の問題

長さが8.5〔m〕の1/4 波長垂直接地アンテナを用いて周波数が10〔MHz〕の電波を放射するとき，この周波数でアンテナを共振させるために一般的に用いられる方法として，正しいものを下の番号から選べ．ただし，アンテナの短縮率は無視するものとする．

1　アンテナにコイルを直列に接続する．
2　アンテナに抵抗を直列に接続する．
3　アンテナにコンデンサを直列に接続する．
4　アンテナの接地抵抗を小さくする．

問題を解くヒント！

周波数が10〔MHz〕の電波の1/4 波長のアンテナの長さを求める．

使う公式

「例題－1」の電波の波長を求める公式を使う．

一般的な解き方！

周波数f=10〔MHz〕の電波の波長λ〔m〕は，

$$\lambda = \frac{300}{f\text{〔MHz〕}} = \frac{300}{10} = 30\text{〔m〕}$$

垂直接地アンテナの固有波長は1/4波長なので，

$$30 \times \frac{1}{4} = 7.5\text{〔m〕}$$

周波数が10〔MHz〕の電波を共振させるためにはアンテナの長さが7.5〔m〕必要である．8.5〔m〕のアンテナでは長すぎるので，アンテナにコンデンサ（短縮コンデンサという）を直列に接続しなければならない．

正答 3

例題－3　アンテナに供給する電流の値を求める問題

1/4波長垂直接地アンテナの放射電力を108〔W〕とするために，アンテナに供給する電流の値として，最も近いものを下の番号から選べ．ただし，熱損失となるアンテナ導体などの抵抗分は無視するものとする．

1　1.0〔A〕　　2　1.4〔A〕　　3　1.7〔A〕　　4　2.0〔A〕　　5　2.2〔A〕

問題を解くヒント！

1/4波長垂直接地アンテナの放射抵抗は約36〔Ω〕である．

使う公式

アンテナに供給する電流をI〔A〕，放射抵抗をR_r〔Ω〕とすると，アンテナの放射電力P〔W〕は，次式で表される．

$$P = I^2 R_r\text{〔W〕}$$

一般的な解き方！

アンテナに供給する電流をI〔A〕，放射抵抗をR_r〔Ω〕とすると，アンテナの放射電力P〔W〕は，次式で表される．

$$P=I^2R_r〔\mathrm{W}〕 \qquad \cdots\cdots (1)$$

式 (1) を変形して I を求めると，

$$I=\sqrt{\frac{P}{R_r}} \qquad \cdots\cdots (2)$$

式 (2) に $P=108$〔W〕，$R_r=36$〔Ω〕を代入すると，

$$I=\sqrt{\frac{P}{R_r}}=\sqrt{\frac{108}{36}}=\sqrt{3}\fallingdotseq 1.73\fallingdotseq 1.7〔\mathrm{A}〕$$

となる．

$\sqrt{3}\fallingdotseq 1.73$ だよ．

1/4 波長垂直接地アンテナの放射抵抗は，約 36〔Ω〕だよ．覚えてね．

正答 3

例題－4　アンテナに供給する電流の値を求める問題

半波長ダイポールアンテナの放射電力を 150〔W〕とするために，アンテナに供給する電流の値として，最も近いものを下の番号から選べ．ただし，熱損失となるアンテナ導体などの抵抗分は無視するものとする．

1　1.0〔A〕　　2　1.4〔A〕　　3　1.8〔A〕　　4　2.2〔A〕

問題を解くヒント！

半波長ダイポールアンテナの放射抵抗は，約 75〔Ω〕である．

使う公式

「例題－3」のアンテナの放射電力を求める公式を使う．

一般的な解き方！

アンテナに供給する電流を I〔A〕，放射抵抗を R_r〔Ω〕とすると，アンテナの放射電力 P〔W〕は，次式で表される．

$$P=I^2R_r〔\mathrm{W}〕 \qquad \cdots\cdots (1)$$

式 (1) を変形して I を求めると，

$$I=\sqrt{\frac{P}{R_r}} \qquad \cdots\cdots(2)$$

式(2)に $P=150$〔W〕，$R_r=75$〔Ω〕を代入すると，

$$I=\sqrt{\frac{P}{R_r}}=\sqrt{\frac{150}{75}}=\sqrt{2}\fallingdotseq 1.41\fallingdotseq 1.4\text{〔A〕}$$

$\sqrt{2}\fallingdotseq 1.41$ だよ．

となる．

半波長ダイポールアンテナの放射抵抗は，約75〔Ω〕だよ．覚えてね．

正答 2

例題－5 ループアンテナの実効高の値を求める問題

周波数が1.9〔MHz〕の電波を，ループの直径が1.0〔m〕，巻数 N が100の円形ループアンテナで受信したとき，このアンテナの実効高の値として，最も近いものを下の番号から選べ．ただし，ループの面積を A〔m^2〕，電波の波長を λ〔m〕とすると，ループアンテナの実効高 h_e は次式で表されるものとする．

$$h_e=\frac{2\pi AN}{\lambda}\text{〔m〕}$$

1　3.1〔m〕　　2　6.2〔m〕　　3　9.3〔m〕　　4　12.4〔m〕　　5　15.5〔m〕

問題を解くヒント！

円形ループの面積 A〔m^2〕は，半径を r〔m〕とすると，$A=\pi r^2$〔m^2〕である．

使う公式

(1) ループの面積を A〔m^2〕，電波の波長を λ〔m〕，巻数を N とすると，円形ループアンテナの実効高 h_e〔m〕は，次式で表される．

$$h_e=\frac{2\pi AN}{\lambda}\text{〔m〕}$$

(2)「例題－1」の電波の波長を求める公式を使う．

一般的な解き方！

周波数を $f=1.9$〔MHz〕$=1.9\times10^6$〔Hz〕，電波の速度を $c=3\times10^8$〔m/s〕とすると，電波の波長 λ〔m〕は，

$$\lambda=\frac{c}{f}=\frac{3\times10^8}{1.9\times10^6}=\frac{300}{1.9}\text{〔m〕}$$

ループの面積を A〔m^2〕，電波の波長を λ〔m〕，巻数を N とすると，円形ループアンテナの実効高 h_e〔m〕は，次式で表される．

$$h_e=\frac{2\pi AN}{\lambda}\text{〔m〕}\qquad\cdots\cdots(1)$$

式 (1) に $A=\pi r^2=\pi\,(0.5)^2=0.25\,\pi$〔m^2〕，$\lambda=\dfrac{300}{1.9}$〔m〕，$N=100$ を代入すると，

$$h_e=\frac{2\pi AN}{\lambda}=\frac{2\pi\times0.25\pi\times100}{\dfrac{300}{1.9}}=\frac{2\pi\times0.25\pi\times100\times1.9}{300}=\frac{0.5\pi^2\times1.9}{3}$$

$$=\frac{0.5\times(3.14)^2\times1.9}{3}\fallingdotseq\frac{0.5\times9.86\times1.9}{3}\fallingdotseq3.1\text{〔m〕}$$

となる．

簡易的な解き方！

周波数 $f=1.9$〔MHz〕$\fallingdotseq2$〔MHz〕として計算すると，計算が楽になる．周波数を $f\fallingdotseq2$〔MHz〕すると，電波の波長 λ〔m〕は，

$$\lambda=\frac{300}{f\text{〔MHz〕}}=\frac{300}{2}=150\text{〔m〕}$$

ループの面積を A〔m^2〕，電波の波長を λ〔m〕，巻数を N とすると，円形ループアンテナの実効高 h_e〔m〕は，次式で表される．

$$h_e=\frac{2\pi AN}{\lambda}\text{〔m〕}\qquad\cdots\cdots(1)$$

式 (1) に $A=\pi r^2=\pi\,(0.5)^2=0.25\,\pi$〔m^2〕，$\lambda=150$〔m〕，$N=100$ を代入すると，

$$h_e=\frac{2\pi AN}{\lambda}=\frac{2\pi\times0.25\pi\times100}{150}=\frac{0.5\pi^2\times2}{3}=\frac{0.5\times10\times2}{3}\fallingdotseq3.3\text{〔m〕}$$

となる．

よって，3.3〔m〕に最も近い選択肢は「１」の 3.1〔m〕である．

ループの直径が 1.0〔m〕なので，半径 r は 0.5〔m〕だね．
$\pi^2\fallingdotseq10$ として計算すると，計算が楽になるよ．

正答 1

例題−6　アンテナの供給電力の値を求める問題

送信点 A から半波長ダイポールアンテナに対する相対利得 9〔dB〕の八木アンテナ（八木・宇田アンテナ）に 25〔W〕の電力を供給し電波を送信したとき，最大放射方向の受信点 B で電界強度 E_0〔V/m〕が得られた．次に A から半波長ダイポールアンテナで送信したとき，最大放射方向の B で同じ電界強度 E_0〔V/m〕を得るために必要な供給電力の値として，最も近いものを下の番号から選べ．ただし，アンテナ系に損失はないものとし，$\log_{10}2 \fallingdotseq 0.3$ とする．

1　50〔W〕　　2　100〔W〕　　3　150〔W〕　　4　200〔W〕

問題を解くヒント！

(1) 八木アンテナの利得の真数 G を求める．

(2) $\log_{10}2=0.3$ より，$10^{0.3}=2$ である．

使う公式

(1) 倍率 G（真数）のアンテナの相対利得を〔dB〕で表すと，

$10\log_{10}G$〔dB〕

(2) アンテナの相対利得の真数を G，半波長ダイポールアンテナに加える電力を P_0〔W〕，八木アンテナに加える電力を P〔W〕とすると，次式の関係がある．

$$G=\frac{P_0}{P}$$

一般的な解き方！

9〔dB〕の真数を G とすると，

$$9=10\log_{10}G \qquad \cdots\cdots(1)$$

式(1)の両辺を 10 で割ると，

$$0.9=\log_{10}G \qquad \cdots\cdots(2)$$

式(2)より，$G=10^{0.9}=(10^{0.3})^3=2^3=8$

アンテナの相対利得の真数を G，半波長ダイポールアンテナに加える電力を P_0〔W〕，八木アンテナに加える電力を P〔W〕とすると，次式の関係がある．

$$G=\frac{P_0}{P} \qquad \cdots\cdots(3)$$

式 (3) を変形して，P_0〔W〕を求めると，

$$P_0 = GP = 8 \times 25 = 200\text{〔W〕}$$

となる．

〔dB〕を真数にして計算するよ．

正答 4

例題－7　八木アンテナの放射器の長さを求める問題

周波数 18〔MHz〕で用いる八木アンテナ（八木・宇田アンテナ）の放射器の長さ l として，最も近いものを下の番号から選べ．ただし，短縮率は 3〔%〕とする．

1　6.9〔m〕
2　7.2〔m〕
3　7.6〔m〕
4　8.1〔m〕

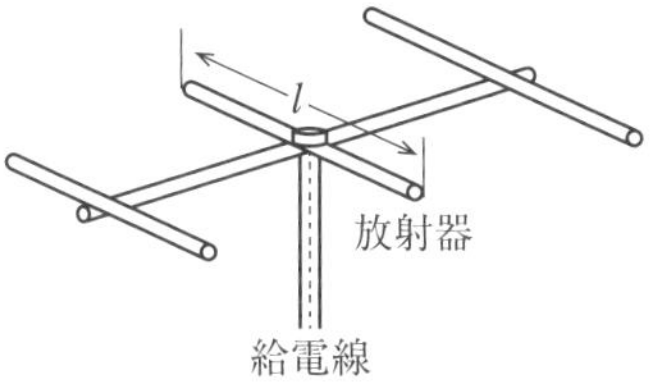

問題を解くヒント！

八木アンテナの放射器の長さは，使用する電波の 1/2 波長である．

使う公式

「例題－1」の電波の波長を求める公式を使う．

一般的な解き方！

八木アンテナの放射器の長さ l〔m〕は，使用する電波の波長 λ〔m〕の 1/2 倍であるが，短縮率が 3〔%〕であるので，次式で計算する．

$$l = \frac{\lambda}{2} \times 0.97\text{〔m〕} \qquad \cdots\cdots(1)$$

周波数 $f = 18$〔MHz〕の電波の波長 λ〔m〕は，

$$\lambda = \frac{300}{f\text{〔MHz〕}} = \frac{300}{18} = \frac{50}{3}\text{〔m〕} \qquad \cdots\cdots(2)$$

式 (1) に式 (2) を代入すると，

$$l = \frac{\lambda}{2} \times 0.97 = \frac{1}{2} \times \frac{50}{3} \times 0.97 = \frac{25}{3} \times 0.97 = \frac{24.25}{3} \fallingdotseq 8.1\text{〔m〕}$$

となる．

正答 4

8 電波伝搬の計算問題を解く

例題－1　最適使用周波数(FOT)の値を求める問題

図は，短波(HF)帯における，ある 2 地点間の MUF/LUF 曲線の例を示したものであるが，この区間における 12 時(JST)の最適使用周波数(FOT)の値として，最も近いものを下の番号から選べ．ただし，MUF は最高使用可能周波数，LUF は最低使用可能周波数を示す．

1　10〔MHz〕
2　14〔MHz〕
3　18〔MHz〕
4　21〔MHz〕
5　24〔MHz〕

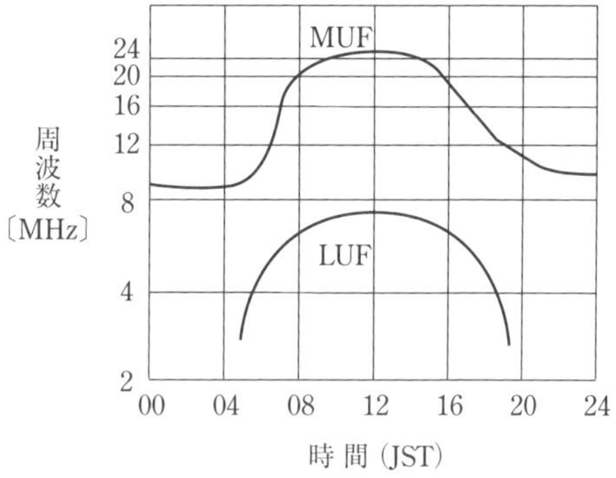

問題を解くヒント！

設問の図より，12 時 (JST) における最高使用可能周波数MUF を読み取る．

使う公式

最適使用周波数 (FOT) は最高使用可能周波数 (MUF) の 85〔%〕の周波数をいう．

一般的な解き方！

設問の図より，12時（JST）における最高使用可能周波数（MUF）は約25〔MHz〕である．最適使用周波数（FOT）は，

$$\mathrm{FOT}=\mathrm{MUF}\times 0.85$$

であるので，

$$\mathrm{FOT}=25\times 0.85=21.25\fallingdotseq 21\,〔\mathrm{MHz}〕$$

となる．

この問題では最低使用可能周波数（LUF）は関係ないので注意してね．

最適使用周波数 FOT　：Frequency of Optimum Traffic
最高使用周波数 MUF：Maximum Usable Frequency
最低使用周波数 LUF　：Lowest Usable Frequency
だよ．

正答 4

9 測定の計算問題を解く

例題－1　分流器の抵抗値を求める問題

最大目盛値が 300〔μA〕で内部抵抗が 450〔Ω〕の電流計を用いて，最大 3〔mA〕まで測定するために必要な分流器の抵抗値として，正しいものを下の番号から選べ．

1　40〔Ω〕
2　45〔Ω〕
3　50〔Ω〕
4　60〔Ω〕
5　72〔Ω〕

問題を解くヒント！

分流器は電流計の測定範囲を拡大するために用いる抵抗器で，電流計に並列に接続する．

使う公式

最大目盛値が I〔A〕で内部抵抗が r〔Ω〕の電流計の測定範囲を n〔倍〕に拡大するには，電流計に並列に抵抗器（分流器）R_S〔Ω〕を接続する．R_S〔Ω〕は，次式で表される．

$$R_S = \frac{r}{n-1}〔\Omega〕$$

電流計に並列に接続した抵抗器のことを分流器というよ．

一般的な解き方！

最大目盛値 300〔μA〕=0.3〔mA〕なので，最大 3〔mA〕まで測定するには測定範囲を 10 倍（$n=10$）にすればよい．

内部抵抗を r〔Ω〕，電流計の測定範囲を n〔倍〕とすると，抵抗器（分流器）R_S〔Ω〕は，次式で表される．

$$R_S=\frac{r}{n-1}\text{〔Ω〕} \qquad \cdots\cdots(1)$$

式（1）に $r=450$〔Ω〕，$n=10$ を代入すると，

$$R_S=\frac{r}{n-1}=\frac{450}{10-1}=\frac{450}{9}=50\text{〔Ω〕}$$

となる．

300〔μA〕$=300\times10^{-6}$〔A〕$=0.3\times10^{3}\times10^{-6}$〔A〕$=0.3\times10^{-3}$〔A〕$=0.3$〔mA〕だよ．

簡易的な解き方！

図 9.1 に示すように，最大目盛値が I〔A〕で内部抵抗が r〔Ω〕の電流計に I〔A〕が流れているとき，電流計の両端の電圧 V〔V〕は，オームの法則より，

$$V=rI=450\times300\times10^{-6}=450\times0.3\times10^{-3}=135\times10^{-3}\text{〔V〕}=135\text{〔mV〕}$$

最大目盛 $I=300$〔μA〕=0.3〔mA〕の電流計を最大 3〔mA〕まで測定できるようにするには，分流器 R_S〔Ω〕に $I_S=3-0.3=2.7$〔mA〕（I の 9 倍の電流）流せばよい．

よって，分流器 R_S〔Ω〕に流す電流を I_S〔A〕とすると，オームの法則より，

$$R_S=\frac{V}{I_S}=\frac{135\times10^{-3}}{2.7\times10^{-3}}=50\text{〔Ω〕}$$

となる．

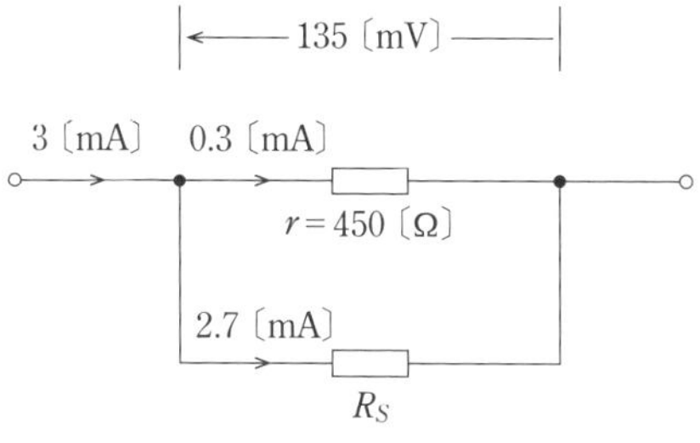

図 9.1

正答 3

参　考

図 9.2 において，電流計に流れる電流を I〔A〕，分流器に流れる電流を $(n-1)I$〔A〕とすると，電流計の両端の電圧 $V=Ir$〔V〕と分流器の両端の電圧 $V=(n-1)IR_S$〔V〕は等しくなるので，

$$Ir=(n-1)IR_S \quad \cdots\cdots (1)$$

式 (1) より，

$$R_S=\frac{r}{n-1}〔\Omega〕$$

となる.

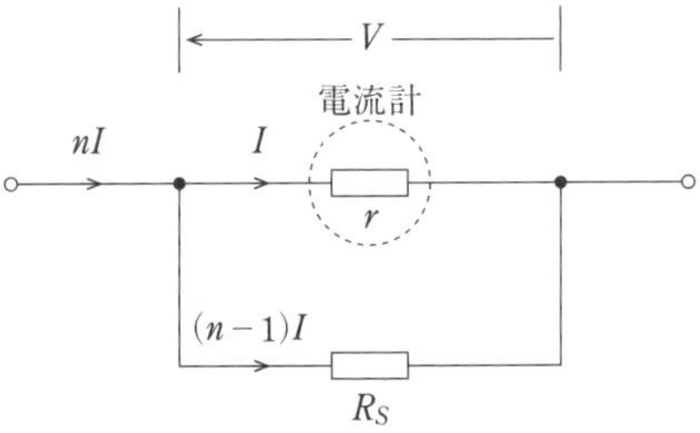

図 9.2

例題−2　電池の内部抵抗の値を求める問題

図に示す直流回路において，スイッチ S を閉じた(ON)とき，直流電圧計の指示が 16〔V〕で直流電流計の指示が 5〔A〕であった．次に S を開いた(OFF)ときの直流電圧計の指示は 20〔V〕であった．電池の内部抵抗 r の値として，正しいものを下の番号から選べ．ただし，直流電流計の内部抵抗は 0.2〔Ω〕，直流電圧計の内部抵抗は無限大とし，E_0 は電池の起電力を示す．

1　0.6〔Ω〕
2　1.0〔Ω〕
3　1.5〔Ω〕
4　2.0〔Ω〕
5　2.4〔Ω〕

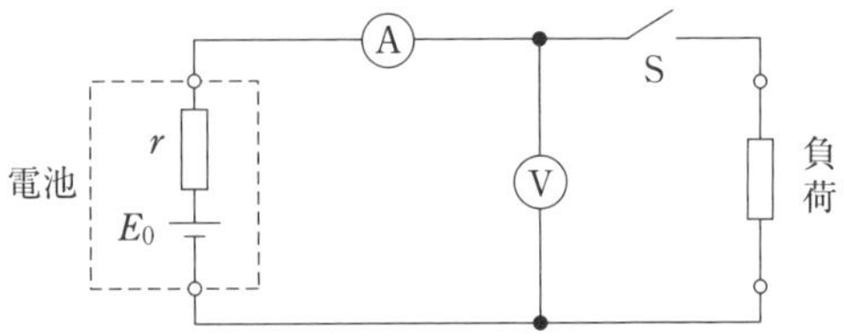

問題を解くヒント！

直流電圧計の内部抵抗は無限大なので，電流は流れない.

使う公式

電流をI〔A〕，電圧をV〔V〕，抵抗をR〔Ω〕とすると，オームの法則より次式が成立する．

$$I=\frac{V}{R}\text{〔A〕}\quad ,\quad V=IR\text{〔V〕}\quad ,\quad R=\frac{V}{I}\text{〔Ω〕}$$

一般的な解き方！

スイッチSを閉じたとき，負荷抵抗R_L〔Ω〕の両端の電圧が$V=16$〔V〕で流れる電流が$I=5$〔A〕なので，負荷抵抗R_L〔Ω〕は，オームの法則より，

$$R_L=\frac{V}{I}=\frac{16}{5}=3.2\text{〔Ω〕}\qquad\cdots\cdots(1)$$

スイッチSを開いたとき，回路に電流は流れないので，直流電圧計の指示の20〔V〕が電池の起電力E_0を示している．

スイッチSを閉じたとき，直流電流計の内部抵抗をR〔Ω〕とすると，次式が成立する．

$$E_0=(r+R+R_L)\,I\qquad\cdots\cdots(2)$$

式(2)に，$E_0=20$〔V〕，$R=0.2$〔Ω〕，$R_L=3.2$〔Ω〕，$I=5$〔A〕を代入すると，

$$20=(r+0.2+3.2)\times 5\qquad\cdots\cdots(3)$$

式(3)より，

$$20=5r+17\qquad\cdots\cdots(4)$$

式(4)より，

$$r=\frac{20-17}{5}=\frac{3}{5}=0.6\text{〔Ω〕}$$

となる．

正答 1

例題－3　電池の内部抵抗の値を求める問題

図に示す測定回路において，スイッチSを開いた状態のとき，電圧計の指示値は5.5〔V〕であった．次に，スイッチSを閉じて負荷抵抗R〔Ω〕を接続したとき，電圧計の指示値が5.0〔V〕，電流計の指示値が1.0〔A〕になった．電池の内部抵抗rの値として，正しいものを次の番号から選べ．ただし，電圧計及び電流計の内部抵抗の影響はないものとする．

1　0.1〔Ω〕
2　0.2〔Ω〕
3　0.5〔Ω〕
4　1.0〔Ω〕

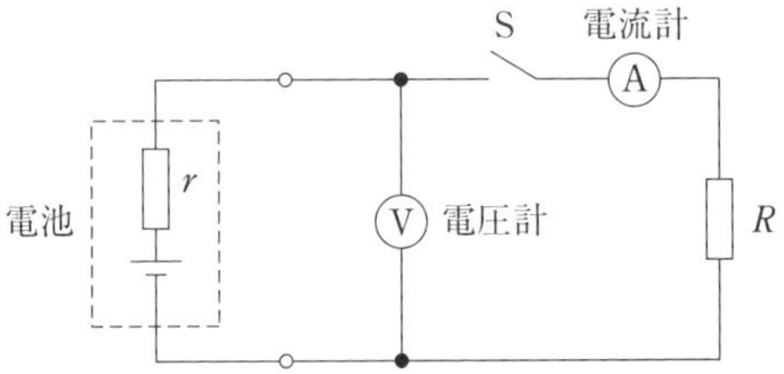

問題を解くヒント！

スイッチを開いたときの状態では電流は流れないので，電圧計の指示値は電池の起電力を示している．

使う公式

「例題－2」のオームの法則を使う．

一般的な解き方！

スイッチSを開いたとき，電圧計の指示値が5.5〔V〕であるので，電池の起電力Eは5.5〔V〕である．

次にスイッチSを閉じたとき，電圧計の指示値が5〔V〕になったので，電池の内部抵抗r〔Ω〕の両端に0.5〔V〕の電圧降下が発生したことになる．rに1〔A〕の電流が流れているので，オームの法則より，

$$r=\frac{0.5}{1}=0.5〔\Omega〕$$

となる．

正答 3

例題－4　直列共振したときのコンデンサの値を求める問題

図に示す回路において，最初にスイッチSを断(OFF)にしたとき，可変コンデンサC_Vが，200〔pF〕で電圧計の指示値が最大になった．次にSを接(ON)にしたとき，C_Vが50〔pF〕で電圧計の指示値が最大になった．このときの未知のコンデンサC_Xの値として，正しいものを次の番号から選べ．ただし，コイルの自己インダクタンス，交流電源の周波数及び電圧は一定とする．

1　50〔pF〕
2　100〔pF〕
3　150〔pF〕
4　200〔pF〕
5　250〔pF〕

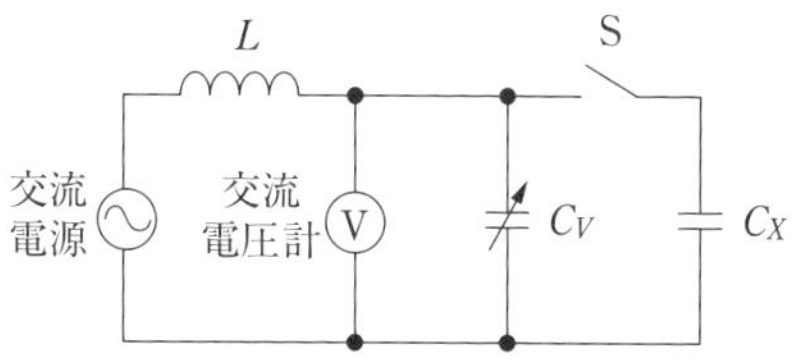

問題を解くヒント!

直列共振回路が共振しているときは電流が最大になるので，交流電圧計の指示値は最大になる．

使う公式

静電容量が C_1〔F〕及び C_2〔F〕のコンデンサを並列接続したときの並列合成静電容量 C_P〔F〕は，次式で表される．

$$C_P = C_1 + C_2 \text{〔F〕}$$

一般的な解き方!

スイッチSを断（OFF）にしたとき，可変コンデンサ C_V が200〔pF〕で共振している．

次にスイッチSを接（ON）にしたとき，共振するには可変コンデンサ C_V〔F〕と未知のコンデンサ C_X〔F〕の並列合成静電容量 C_P〔F〕は，

$$C_P = C_V + C_X = 200 \text{〔pF〕} \quad \cdots\cdots (1)$$

でなければならない．よって，$C_V = 50$〔pF〕のとき，電圧計の指示値が最大（共振）になったので，式(1)より，C_X〔F〕は，

$$C_X = 200 - C_V = 200 - 50 = 150 \text{〔pF〕}$$

となる．

正答 3

例題−5　オシロスコープの波形から繰り返し周波数の値を求める問題

オシロスコープで図に示すような波形を観測した．この波形の繰り返し周波数の値として，正しいものを次の番号から選べ．ただし，横軸（掃引時間）は，1目盛り当たり0.4〔ms〕とする．

1　0.25〔kHz〕
2　0.50〔kHz〕
3　0.75〔kHz〕
4　1.00〔kHz〕
5　1.25〔kHz〕

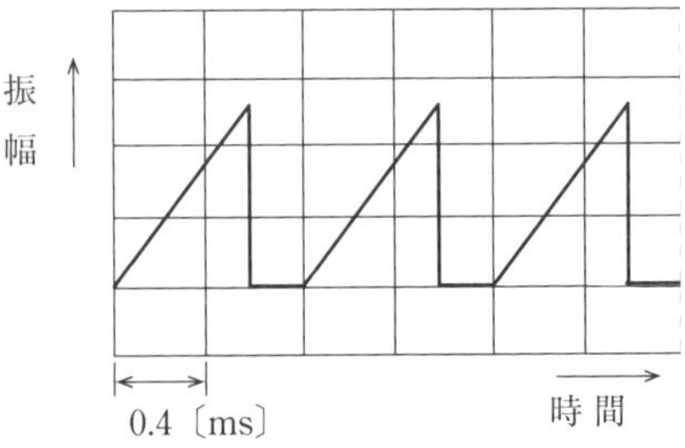

問題を解くヒント！

(1) オシロスコープの横軸は時間〔s〕である．
(2) 横軸から周期を読み取り，周波数を求める．

使う公式

周期を T〔s〕とすると，周波数 f〔Hz〕は，次式で表される．

$$f=\frac{1}{T}\text{〔Hz〕}$$

周期の単位〔s〕は秒を表すよ．

一般的な解き方！

設問の図より，横軸2目盛り分が1周期である．横軸1目盛り分が0.4〔ms〕なので，周期 T〔s〕は，

$$T=2\times0.4=0.8\text{〔ms〕}=0.8\times10^{-3}\text{〔s〕}$$

〔ms〕単位を〔s〕単位に変換して計算するよ．

周波数 f〔Hz〕は，次式で表される．

$$f=\frac{1}{T}\text{〔Hz〕} \qquad \cdots\cdots(1)$$

式(1)に $T=0.8\times10^{-3}$〔s〕を代入すると，

$$f=\frac{1}{T}=\frac{1}{0.8\times10^{-3}}=\frac{1}{0.8}\times10^{3}=1.25\times10^{3}\text{〔Hz〕}=1.25\text{〔kHz〕}$$

となる．

正答 5

例題－6　オシロスコープの波形から実効値と周波数の値を求める問題

図は，オシロスコープで観測した正弦波の波形である．この正弦波の実効値 V 及び周波数 f の値の組合せとして，最も近いものを下の番号から選べ．ただし，縦軸（振幅）は 1 目盛当たり 2.5〔V〕，横軸（掃引時間）は 1 目盛当たり 25〔μs〕とする．

	V	f
1	2.8〔V〕	5〔kHz〕
2	2.8〔V〕	10〔kHz〕
3	3.5〔V〕	5〔kHz〕
4	3.5〔V〕	10〔kHz〕

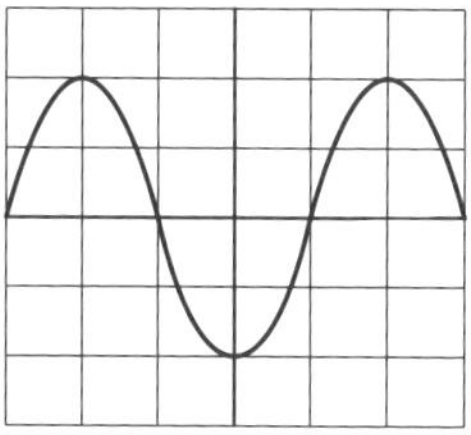

問題を解くヒント！

オシロスコープの横軸は時間〔s〕，縦軸は電圧〔V〕である．

使う公式

(1) 最大値を V_m〔V〕とすると，実効値 V〔V〕は，次式で表される．

$$V=\frac{V_m}{\sqrt{2}}\text{〔V〕}$$

(2)「例題－5」の周波数を求める公式を使う．

一般的な解き方！

設問の図より，正弦波の最大値 V_m は縦軸 2 目盛分である．縦軸 1 目盛当たり 2.5〔V〕であるので，V_m〔V〕は，

$$V_m=2\times2.5=5\text{〔V〕}$$

よって，実効値 V〔V〕は，

$$V=\frac{V_m}{\sqrt{2}}\fallingdotseq\frac{5}{1.41}\fallingdotseq\underline{3.5\text{〔V〕}}$$

$\sqrt{2}\fallingdotseq1.41$ だよ．

設問の図より，周期 T〔s〕は横軸 4 目盛分である．横軸 1 目盛当たり 25〔μs〕であるので，

$$T=4\times25\times10^{-6}=100\times10^{-6}=10^2\times10^{-6}=1\times10^{-4}\text{〔s〕}$$

よって，周波数 f〔Hz〕は，

$$f=\frac{1}{T}=\frac{1}{1\times10^{-4}}=1\times10^{4}\,〔\mathrm{Hz}〕=10\times10^{3}\,〔\mathrm{Hz}〕=\underline{10\,〔\mathrm{kHz}〕}$$

正答 4

例題-7　オシロスコープの波形から変調度の値を求める問題

図は，AM（A3E）波をオシロスコープで観測したときの波形である．無変調のときの搬送波の振幅が 10〔V〕，単一正弦波で変調したときの最大振幅が 16〔V〕のときの変調度の値として，正しいものを下の番号から選べ．

1　25〔%〕
2　33〔%〕
3　40〔%〕
4　50〔%〕
5　60〔%〕

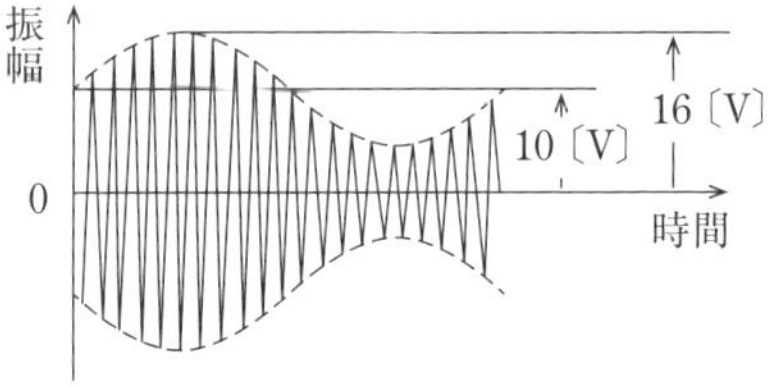

問題を解くヒント！

設問の図より，搬送波の振幅と単一正弦波（信号波）の振幅を読み取る．

使う公式

図 9.3 において，搬送波の振幅を V_C〔V〕，単一正弦波（信号波）の振幅を V_S〔V〕とすると，変調度 m〔%〕は，次式で表される．

$$m=\frac{V_S}{V_C}\times100\,〔\%〕$$

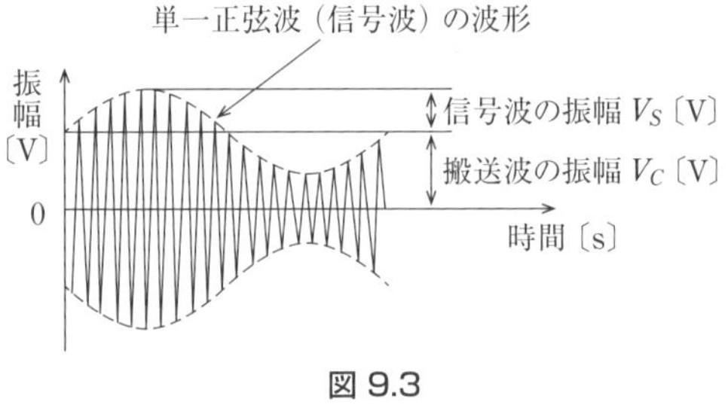

図 9.3

一般的な解き方！

設問の図より，搬送波の振幅V_C=10〔V〕，単一正弦波（信号波）の振幅V_S=16−10=6〔V〕である．

よって，変調度m〔%〕は，

$$m=\frac{V_S}{V_C}\times 100=\frac{6}{10}\times 100=0.6\times 100=60\ 〔\%〕$$

となる．

正答 5

例題－8　接地板の接地抵抗を求める式を導出する問題

図は，接地板の接地抵抗の測定例を示したものである．図において端子①－②，①－③，②－③間の抵抗値がそれぞれR_{12}〔Ω〕，R_{13}〔Ω〕，R_{23}〔Ω〕のとき，端子①に接続された接地板の接地抵抗Rを求める式として，正しいものを下の番号から選べ．ただし，補助接地棒の長さ，接地板と補助接地棒の配置及び相互の距離は適切に設定されているものとする．

1　$R=\dfrac{R_{12}-R_{13}-R_{23}}{2}$〔Ω〕

2　$R=\dfrac{R_{12}+R_{13}-R_{23}}{2}$〔Ω〕

3　$R=\dfrac{R_{12}-R_{13}+R_{23}}{2}$〔Ω〕

4　$R=\dfrac{R_{12}+R_{13}+R_{23}}{2}$〔Ω〕

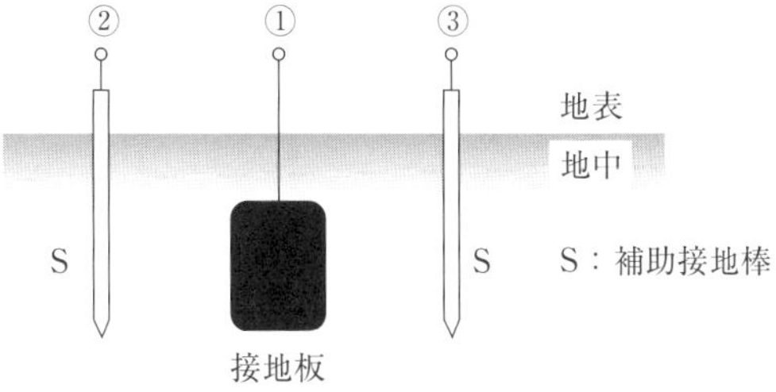

問題を解くヒント！

接地板の接地抵抗R_1を直接測定することはできないので，補助接地棒を2本使用し，端子①－②間の抵抗，端子①－③間の抵抗，端子②－③間の抵抗を測定して求める．

使う公式

①の接地板の接地抵抗を R_1，②の補助接地棒の接地抵抗を R_2，③の補助接地棒の接地抵抗を R_3，端子①－②間の抵抗を R_{12}，端子①－③間の抵抗を R_{13}，端子②－③間の抵抗を R_{23} とすると，次式が成立する．

$$R_1+R_2=R_{12} \quad \cdots\cdots (1)$$

$$R_1+R_3=R_{13} \quad \cdots\cdots (2)$$

$$R_2+R_3=R_{23} \quad \cdots\cdots (3)$$

R_{12}，R_{13}，R_{23} は実際に測定可能であるので，上記の式 (1)～(3) の方程式を解くことにより，R_1 を求めることができる．

一般的な解き方！

①の接地板の接地抵抗を R，②の補助接地棒の接地抵抗を R_2，③の補助接地棒の接地抵抗を R_3，端子①－②間の抵抗を R_{12}，端子①－③間の抵抗を R_{13}，端子②－③間の抵抗を R_{23} とすると，次式が成立する．

$$R+R_2=R_{12} \quad \cdots\cdots (1)$$

$$R+R_3=R_{13} \quad \cdots\cdots (2)$$

$$R_2+R_3=R_{23} \quad \cdots\cdots (3)$$

式 (1)＋式 (2)を計算すると，

$$R+R_2+R+R_3=R_{12}+R_{13}$$

$$2R+R_2+R_3=R_{12}+R_{13} \quad \cdots\cdots (4)$$

式 (4)－式(3)を計算すると，

$$\begin{array}{rr} & 2R+R_2+R_3=R_{12}+R_{13} \\ -) & R_2+R_3=R_{23} \\ \hline & 2R=R_{12}+R_{13}-R_{23} \end{array} \quad \cdots\cdots (5)$$

式 (5) より，

$$R=\frac{R_{12}+R_{13}-R_{23}}{2} \text{〔}\Omega\text{〕}$$

となる．

この問題では①の接地板の接地抵抗は R_1 ではなく R になっているよ．注意してね．

正答 2

第二級アマチュア無線技士

こうすればむずかしい計算問題も
スラスラ解ける!!

コレなら解ける！無線工学の計算問題

第2部
計算問題公式集

ニアマ対応

ニアマ国家試験　無線工学の計算問題を解くためにぜひ知っておきたい公式集です．本書では，一般的な公式と簡略化した公式を紹介してありますので，ご自分に適していると思われる方の活用をおすすめします．

電気物理関連　公式

■　クーロンの法則

$$F=k\frac{Q_1Q_2}{r^2}=9\times10^9\times\frac{Q_1Q_2}{r^2}$$

F：電荷に働く力〔N〕

k：真空(≒空気)中の比例定数〔N・m^2/C^2〕

Q_1，Q_2：点電荷の電気量〔C〕

r：Q_1，Q_2 間の距離〔m〕

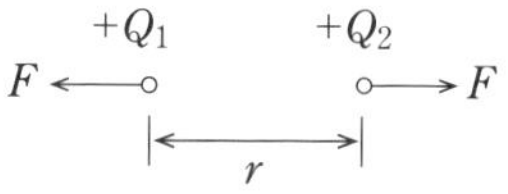

■　コンデンサに蓄えられる電荷Q〔C〕

$Q=CV$

C：コンデンサの静電容量〔F〕

V：コンデンサに加わる電圧〔V〕

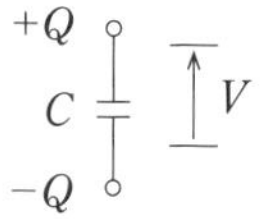

■　コンデンサの静電容量C〔F〕

$$C=\varepsilon\frac{S}{d}$$

$\varepsilon=\varepsilon_S\varepsilon_0$

C　：コンデンサの静電容量〔F〕

d　：電極間の距離〔m〕

S　：電極の面積〔m^2〕

ε　：電極間の誘電率〔F/m〕

ε_S：誘電体の比誘電率

ε_0：真空中の誘電率〔F/m〕

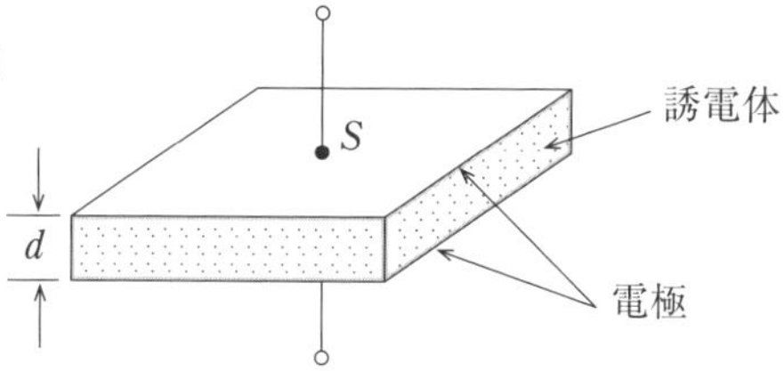

■ コンデンサの直列接続

$$C_S=\frac{1}{\dfrac{1}{C_1}+\dfrac{1}{C_2}+\dfrac{1}{C_3}}$$

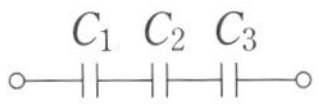

C_S：合成静電容量〔F〕

C_1，C_2，C_3：静電容量〔F〕

■ 二つのコンデンサの直列接続

$$C_S=\frac{1}{\dfrac{1}{C_1}+\dfrac{1}{C_2}}=\frac{C_1\times C_2}{C_1+C_2}$$

C_S：合成静電容量〔F〕

C_1，C_2：静電容量〔F〕

■ コンデンサの並列接続

$$C_P=C_1+C_2+C_3$$

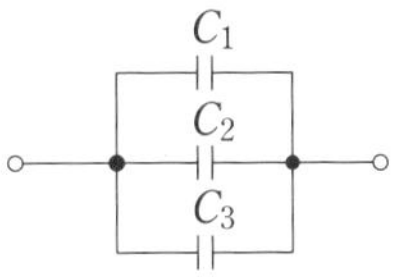

C_P：合成静電容量〔F〕

C_1，C_2，C_3：静電容量〔F〕

■ コンデンサに蓄えられるエネルギー W〔J〕

$$W=\frac{1}{2}QV=\frac{1}{2}CV^2=\frac{1}{2}\times\frac{Q^2}{C}$$

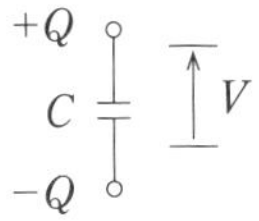

V：コンデンサに加えられる電圧〔V〕

Q：コンデンサに蓄えられる電荷の電気量〔C〕

C：コンデンサの静電容量〔F〕

ニアマ対応

■ 導体の抵抗 R〔Ω〕

$$R=\rho\frac{\ell}{S}$$

R：導体の抵抗〔Ω〕

ℓ：導体の長さ〔m〕

S：導体の断面積〔m^2〕

ρ：導体の抵抗率〔Ω・m〕

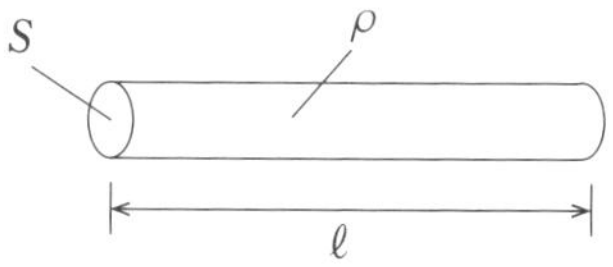

■ 無限長直線電流による磁界の強さ H〔A/m〕

$$H=\frac{I}{2\pi r}$$

I：電流〔A〕

r：距離〔m〕

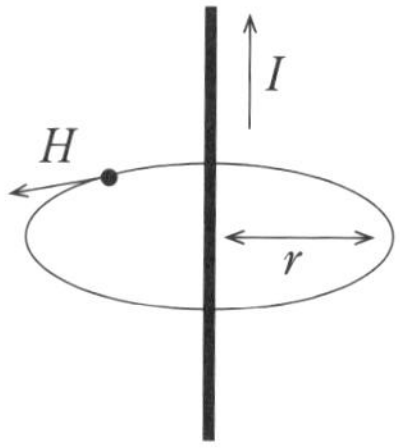

■ 誘導起電力 e〔V〕

$$e=B\ell v$$

B：磁束密度〔T〕

ℓ：導体の長さ〔m〕

v：磁界と直角に移動する速度〔m/s〕

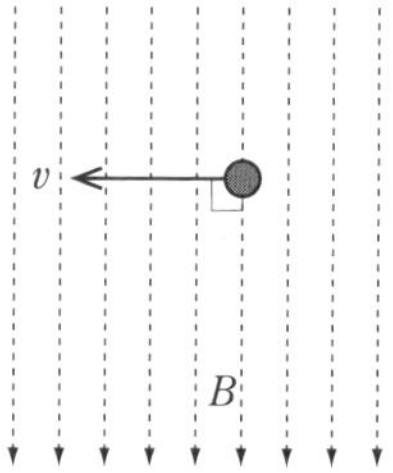

■ 二つのコイルの直列接続のときの合成インダクタンス L〔H〕

二つのコイル間に電磁結合のない場合

$$L = L_1 + L_2$$

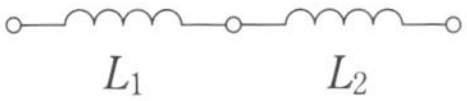

L：コイルの合成インダクタンス〔H〕

L_1, L_2：それぞれのコイルのインダクタンス〔H〕

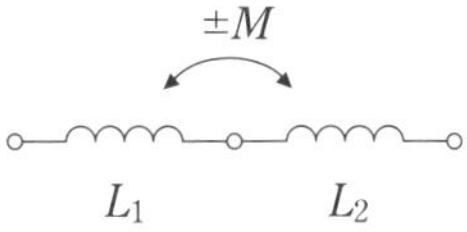

二つのコイルの磁束が加わる場合(和動接続)

$$L = L_1 + L_2 + 2M$$

二つのコイルの磁束が打ち消し合う場合(差動接続)

$$L = L_1 + L_2 - 2M$$

L_1, L_2：それぞれのコイルのインダクタンス〔H〕

M：L_1, L_2 間の相互インダクタンス〔H〕

コイルの間の結合係数 k

$$k = \frac{M}{\sqrt{L_1 L_2}}$$

k：二つのコイル間の結合係数

L_1, L_2：それぞれのコイルのインダクタンス〔H〕

M：L_1, L_2 間の相互インダクタンス〔H〕

■ 結合用変成器の入力インピーダンス

$$Z_1 = \left(\frac{n_1}{n_2}\right)^2 Z_2$$

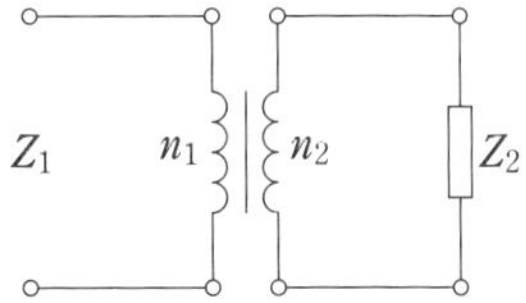

Z_1：一次側のインピーダンス〔Ω〕

Z_2：二次側に接続したインピーダンス〔Ω〕

n_1：変成器の一次側の巻線の数〔回〕

n_2：変成器の二次側の巻線の数〔回〕

■ パルスの繰り返し周波数 f〔Hz〕

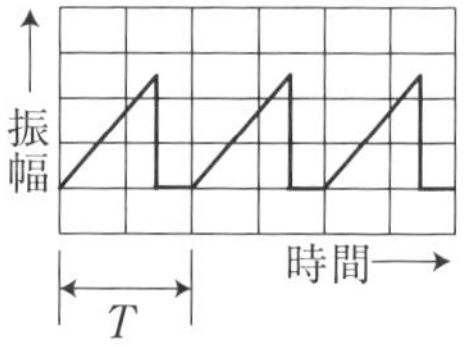

$$f=\frac{1}{T}$$

f：パルスの繰り返し周波数〔Hz〕

T：パルスの繰り返し周期〔s〕

電気回路関連　公式

■ オームの法則

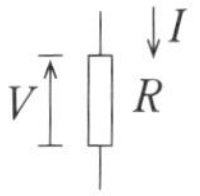

$$I=\frac{V}{R}$$

I：電流〔A〕

V：電圧〔V〕

R：抵抗〔Ω〕

■ 抵抗の直列接続

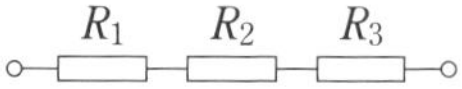

$$R_S=R_1+R_2+R_3$$

R_S：合成抵抗〔Ω〕

R_1，R_2，R_3：抵抗〔Ω〕

■ 抵抗の並列接続

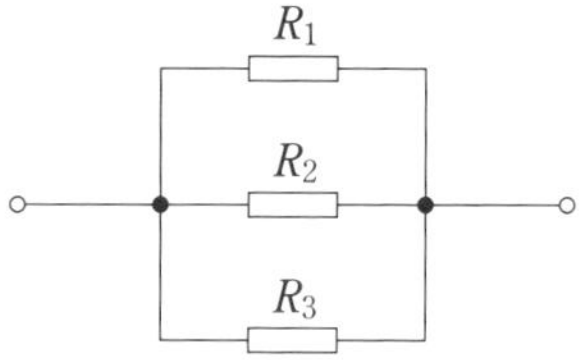

$$R_P=\frac{1}{\dfrac{1}{R_1}+\dfrac{1}{R_2}+\dfrac{1}{R_3}}$$

R_P：合成抵抗〔Ω〕

R_1，R_2，R_3：抵抗〔Ω〕

■ 二つの抵抗の並列接続

$$R_P=\frac{1}{\dfrac{1}{R_1}+\dfrac{1}{R_2}}=\frac{R_1\times R_2}{R_1+R_2}$$

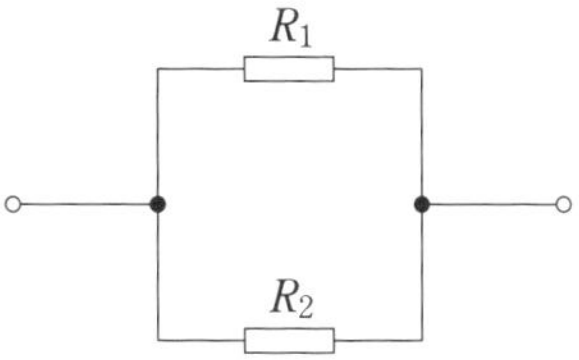

R_P：合成抵抗〔Ω〕

R_1，R_2：抵抗〔Ω〕

■ ブリッジ回路の平衡条件

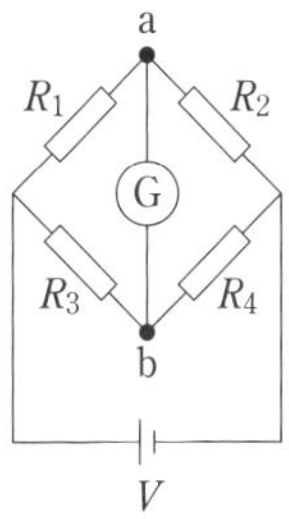

$R_1R_4=R_2R_3$ のとき，ab 間の電位差 V_{ab} はゼロになる．

R_1，R_2，R_3，R_4：抵抗〔Ω〕

■ キルヒホッフの法則

第 1 法則（電流則）

回路の接続点に流れ込む電流と流れ出す電流の和は 0 になる．ただし，接続点に流れ込む方向をプラス，流れ出す方向をマイナスとする．

図においては，$I_1-I_2-I_3=0$ となる．

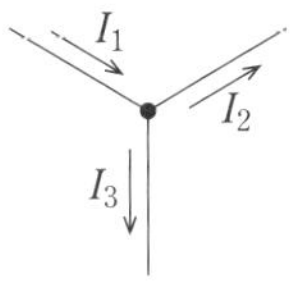

第 2 法則（電圧則）

任意の閉回路において，起電力の和は電圧降下の和に等しい．

図においては，$V_1+V_2=R_1I_1+R_2I_2$ となる．

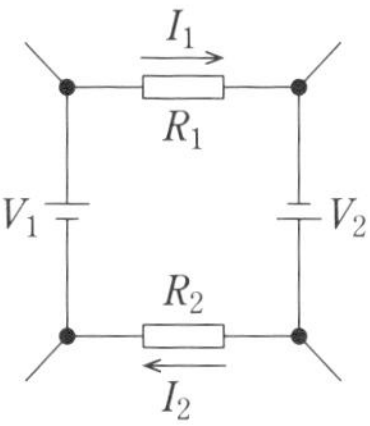

■ 抵抗 R とコイル L の直列回路の合成インピーダンス Z〔Ω〕

$$Z=\sqrt{R^2+X_L^2}$$

Z：直列回路の合成インピーダンス〔Ω〕

R：抵抗〔Ω〕

L：コイルのインダクタンス〔H〕

X_L：コイルのリアクタンス（$X_L=\omega L=2\pi fL$）〔Ω〕

$\omega=2\pi f$：角周波数〔rad/s〕

■ 抵抗 R とコンデンサ C の直列回路の合成インピーダンス Z〔Ω〕

$$Z=\sqrt{R^2+X_C^2}$$

Z：直列回路の合成インピーダンス〔Ω〕

R：抵抗〔Ω〕

C：コンデンサの静電容量〔F〕

X_C：コンデンサのリアクタンス $\left(X_C=\dfrac{1}{\omega C}=\dfrac{1}{2\pi fC}\right)$〔Ω〕

■ 抵抗 R とコイル L の並列回路の合成電流 I〔A〕

$$I=\sqrt{I_R^2+I_L^2}$$

■ 抵抗 R とコンデンサ C の並列回路の合成電流 I〔A〕

$$I=\sqrt{I_R^2+I_C^2}$$

I_R：抵抗 R に流れる交流電流〔A〕

I_L：コイル L に流れる交流電流〔A〕

I_C：コンデンサ C に流れる交流電流〔A〕

■ 抵抗 R，コイル L，コンデンサ C の直列回路の合成インピーダンス Z〔Ω〕

$$Z=\sqrt{R^2+(X_L-X_C)^2}=\sqrt{R^2+\left(\omega L-\frac{1}{\omega C}\right)^2}$$

R：抵抗〔Ω〕

$X_L=\omega L=2\pi fL$：コイルのリアクタンス〔Ω〕

$X_C=\dfrac{1}{\omega C}=\dfrac{1}{2\pi fC}$：コンデンサのリアクタンス〔Ω〕

■ 抵抗 R，コイル L，コンデンサ C の直列共振回路の共振周波数 f_0〔Hz〕

$$f_0=\frac{1}{2\pi\sqrt{LC}}$$

f_0：共振周波数〔Hz〕

L：コイルのインダクタンス〔H〕

C：コンデンサの静電容量〔F〕

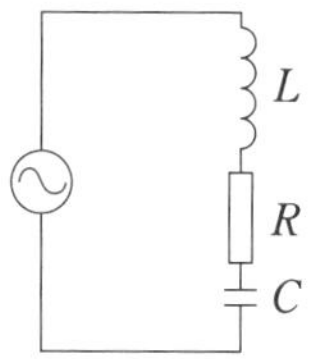

並列共振回路の共振周波数の式も同じである．

■ コイル L とコンデンサ C の並列共振回路の共振したときのインピーダンス Z〔Ω〕

$$Z=\frac{L}{Cr}$$

r：コイルの直列(実効)抵抗〔Ω〕

L：コイルのインダクタンス〔H〕

C：コンデンサの静電容量〔F〕

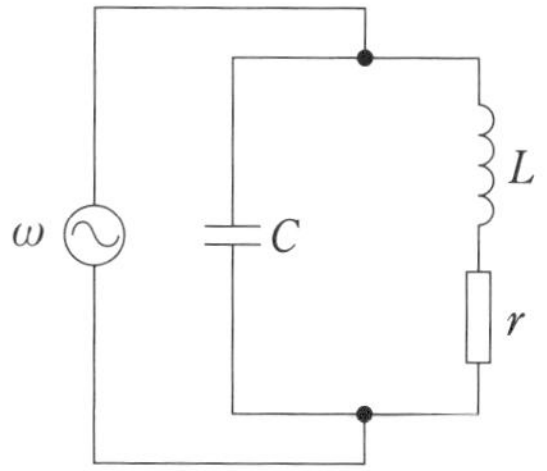

■ 直列共振回路の尖鋭度Q

$$Q=\frac{\omega_0 L}{R}=\frac{1}{\omega_0 CR}$$

$\omega_0=2\pi f_0$：共振角周波数〔rad/s〕

R：直列抵抗〔Ω〕

L：コイルのインダクタンス〔H〕

C：コンデンサの静電容量〔F〕

■ 電力P〔W〕

$$P=VI$$

$$=\frac{V^2}{R}=I^2R$$

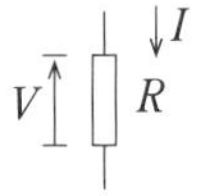

V：電圧〔V〕

I：電流〔A〕

R：抵抗〔Ω〕

電子回路関連　公式

■ エミッタ接地電流増幅率β（=h_{FE}）

$$\beta=\frac{\Delta I_C}{\Delta I_B}$$

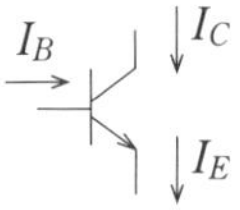

ΔI_C：コレクタ電流の変化分〔A〕

ΔI_B：ベース電流の変化分〔A〕

■ 低周波増幅器のひずみ率 K 〔%〕

$$K=\frac{\sqrt{{V_2}^2+{V_3}^2+\ldots+{V_n}^2}}{V_1}\times 100$$

V_1：基本波の電圧（実効値）〔V〕

V_2：第 2 高調波の電圧（実効値）〔V〕

V_3：第 3 高調波の電圧（実効値）〔V〕

V_n：第 n 高調波の電圧（実効値）〔V〕

■ ソース接地 FET 増幅回路の電圧増幅度 A_V

$$A_V=g_m R_L$$

g_m：FET の相互コンダクタンス〔S〕

R_L：負荷抵抗〔Ω〕

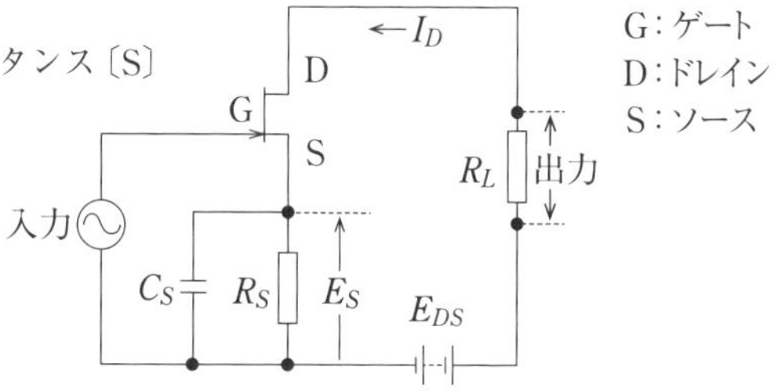

■ コルピッツ発振回路の発振周波数

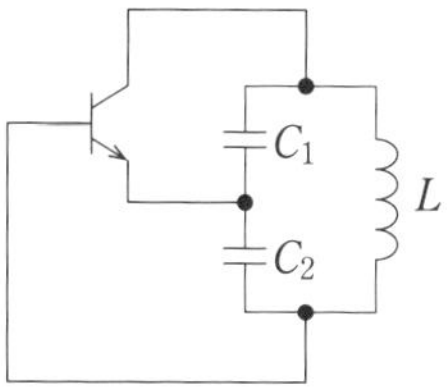

$$f=\frac{1}{2\pi\sqrt{L\dfrac{C_1\times C_2}{C_1+C_2}}}\text{〔Hz〕}$$

又は，

$$f=\frac{1}{2\pi}\sqrt{\frac{1}{L}\left(\frac{1}{C_1}+\frac{1}{C_2}\right)}\text{〔Hz〕}$$

送信機・受信機関連　公式

■ 振幅変調波の電力P_{AM}〔W〕

$$P_{AM}=P_C\left(1+\frac{m^2}{2}\right)$$

P_{AM}：振幅変調波の電力〔W〕

P_C：搬送波電力〔W〕

m：変調度

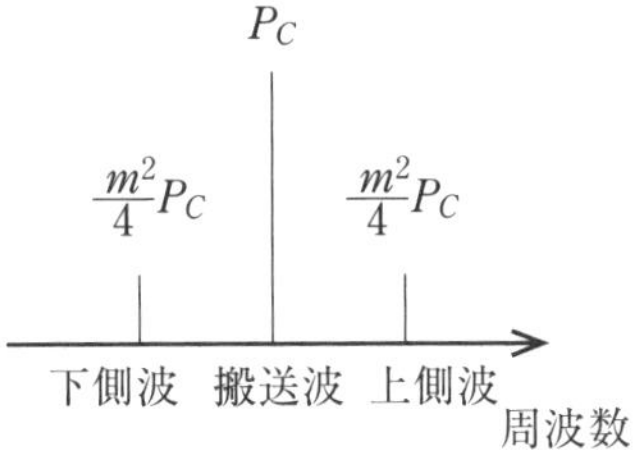

■ 電力増幅器の効率η〔%〕

$$\eta=\frac{P_0}{P}\times 100$$

P_0：高周波出力電力〔W〕

P：電源から供給される直流電力〔W〕

■ スーパヘテロダイン受信機の影像周波数 f_U〔Hz〕

$f_L>f_R$の場合($f_I=f_L-f_R$)

$f_U=f_R+2f_I=f_L+f_I$

$f_L<f_R$の場合($f_I=f_R-f_L$)

$f_U=f_R-2f_I=f_L-f_I$

f_R：受信周波数〔Hz〕

f_I：中間周波数〔Hz〕

f_L：局部発振周波数〔Hz〕

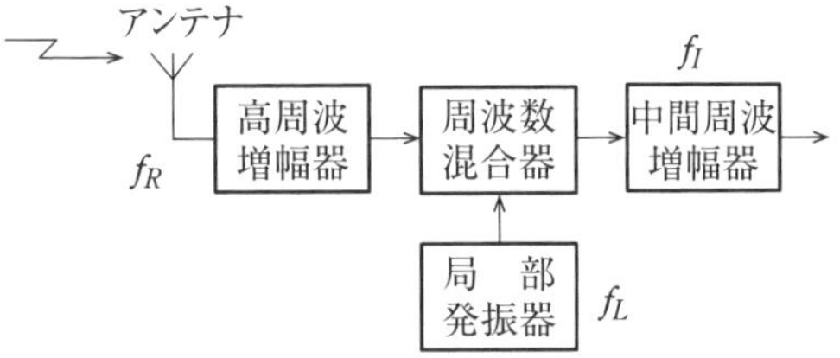

電源関連　公式

■　ダイオードに加わる逆電圧 V_D〔V〕

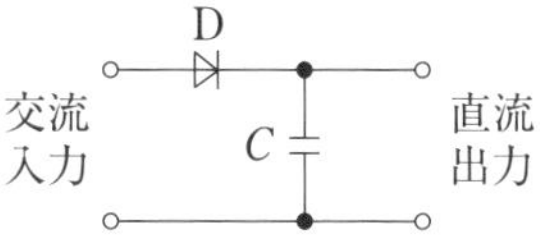

$$V_D=2\sqrt{2}\times V_e$$

V_e：ダイオードに加える交流電圧の実効値〔V〕

■　ブリッジ整流回路のダイオードに加わる逆電圧 V_D〔V〕

$$V_D=\sqrt{2}\times V_e$$

V_e：ダイオードに加える交流電圧の実効値〔V〕

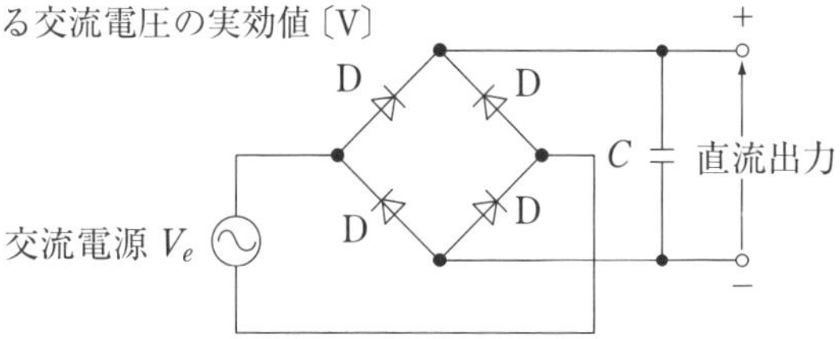

■　整流回路の直流出力（平均値）電圧 V_a〔V〕

単相半波整流回路

$$V_a=\frac{1}{\pi}V_m$$

単相全波整流回路

$$V_a=\frac{2}{\pi}V_m$$

V_m：入力交流電圧の最大値〔V〕

■　整流回路のリプル率 γ〔%〕

$$\gamma=\frac{V_e}{V_a}\times 100$$

V_e：リプル電圧の実効値〔V〕

V_a：出力の平均電圧（直流分）〔V〕

■　電源の電圧変動率δ〔%〕

$$\delta = \frac{V_0 - V_L}{V_L} \times 100$$

V_0：無負荷時の出力電圧〔V〕

V_L：定格負荷時の出力電圧〔V〕

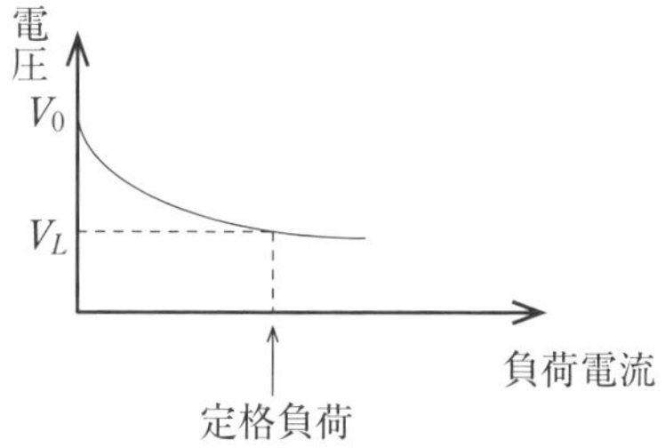

アンテナ・電波伝搬関連　公式

■　アンテナ(空中線)の利得

供試アンテナ又は基準アンテナに異なる電力を加えて，同一場所におけるそれぞれの電界強度を同じにした場合

$$G_{\mathrm{dB}} = 10\log_{10}\frac{P_0}{P}$$

G_{dB}：アンテナの利得〔dB〕

P：供試アンテナに加える電力〔W〕

P_0：基準アンテナに加える電力〔W〕

供試アンテナ又は基準アンテナに同一の電力を加えて，同一場所におけるそれぞれの電界強度を比較した場合

$$G_{\mathrm{dB}} = 20\log_{10}\frac{E}{E_0}$$

G_{dB}：アンテナの利得〔dB〕

E：供試アンテナの電界強度〔V/m〕

E_0：基準アンテナの電界強度〔V/m〕

■ 電波の波長λ〔m〕と周波数 f〔Hz〕の関係

$$\lambda = \frac{c}{f} = \frac{3 \times 10^8}{f}$$

c：電波の速度（$=3 \times 10^8$〔m/s〕）

周波数 f の単位を MHz とすれば，

$$\lambda = \frac{300}{f\text{〔MHz〕}}$$

■ 1/4 波長接地アンテナの実効高 h_e〔m〕

$$h_e = \frac{\lambda}{2\pi}$$

■ 半波長ダイポールアンテナの実効長 ℓ_e〔m〕

$$\ell_e = \frac{\lambda}{\pi}$$

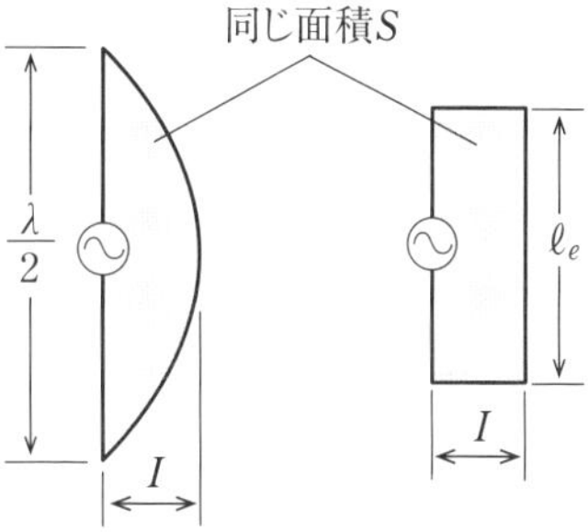

■ ループアンテナの実効高 h_e〔m〕

$$h_e = \frac{2\pi AN}{\lambda}$$

A：ループの面積〔m^2〕

N：巻数

λ：電波の波長〔m〕

二アマ対応

■ アンテナの放射電力P〔W〕

$P = I_a^2 R_r$

I_a：アンテナ電流〔A〕

R_r：放射抵抗〔Ω〕

■ アンテナに供給される電力P〔W〕

$P = P_f - P_r$

P_f：進行波電力〔W〕

P_r：反射波電力〔W〕

$\dot{Z}_R$：アンテナの負荷

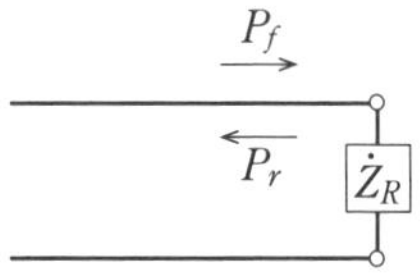

■ 定在波比(SWR)

$$\mathrm{SWR} = \frac{\sqrt{P_f} + \sqrt{P_r}}{\sqrt{P_f} - \sqrt{P_r}}$$

P_f：進行波電力〔W〕

P_r：反射波電力〔W〕

■ 最適使用可能周波数(FOT) f_F〔MHz〕

$f_F = 0.85 \times f_M$

f_M：最高使用可能周波数(MUF)〔MHz〕

測定関連　公式

■ 電圧計の倍率器R_m〔Ω〕

$R_m = (N-1)r$

N：測定倍率

r：電圧計の内部抵抗〔Ω〕

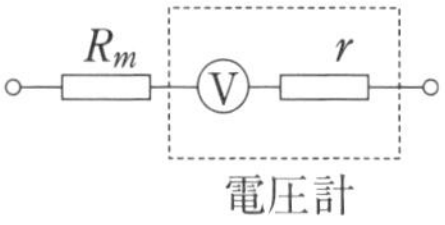

■ 電流計の分流器 R_s〔Ω〕

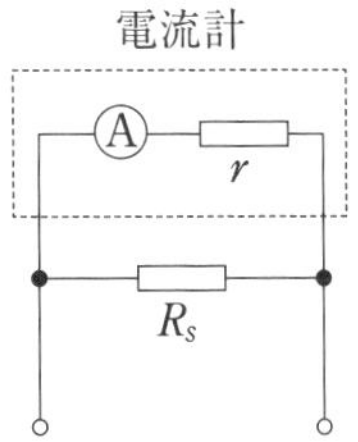

$$R_s=\frac{r}{N-1}$$

N：測定倍率

r：電流計の内部抵抗〔Ω〕

■ 正弦波交流電圧の実効値 V_e〔V〕

$$V_e=\frac{V_m}{\sqrt{2}}$$

V_m：正弦波交流電圧の最大値〔V〕

■ 振幅変調波の変調率 M〔%〕

$$M=\frac{b}{a}\times 100$$

a：搬送波の最大値〔V〕

b：信号波の最大値〔V〕

出力の波形から求める場合

$$M=\frac{A-B}{A+B}\times 100$$

A：振幅変調波の最大値

B：振幅変調波の最小値

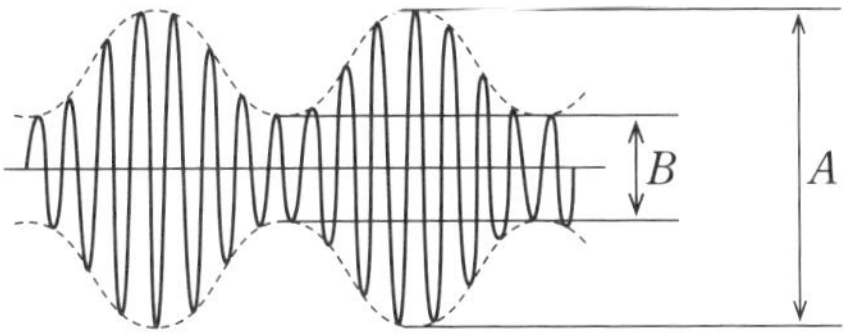

数学の公式及び数値関連

■ 接頭語

名称	テラ	ギガ	メガ	キロ	デシ	センチ	ミリ	マイクロ	ナノ	ピコ
記号	T	G	M	k	d	c	m	μ	n	p
倍数	10^{12}	10^{9}	10^{6}	10^{3}	10^{-1}	10^{-2}	10^{-3}	10^{-6}	10^{-9}	10^{-12}

■ 単位の記号と名称

記号	物理量	単位の記号	単位の名称
Q	電荷，電気量	〔C〕	クーロン
E	電界	〔V/m〕	ボルト毎メートル
$V\,(E)$	電圧，電位	〔V〕	ボルト
C	静電容量	〔F〕	ファラド
ε	誘電率	〔F/m〕	ファラド毎メートル
ε_S	比誘電率	単位はない	
m	磁気量	〔Wb〕	ウエーバ
H	磁界	〔A/m〕	アンペア毎メートル
μ	透磁率	〔H/m〕	ヘンリー毎メートル
μ_S	比透磁率	単位はない	
B	磁束密度	〔T〕	テスラ
Φ	磁束	〔Wb〕	ウエーバ
I	電流	〔A〕	アンペア
R	抵抗	〔Ω〕	オーム
ρ	抵抗率	〔Ω・m〕	オームメートル
P	電力	〔W〕	ワット
W	電力量，エネルギー	〔J〕	ジュール
f	周波数	〔Hz〕	ヘルツ
ω	角周波数	〔rad/s〕	ラジアン毎秒
T	周期	〔s〕	秒
L	自己インダクタンス	〔H〕	ヘンリー
M	相互インダクタンス	〔H〕	ヘンリー
X_L	誘導リアクタンス	〔Ω〕	オーム
X_C	容量リアクタンス	〔Ω〕	オーム
Z	インピーダンス	〔Ω〕	オーム

■ 物理定数

物理量	記号	数値
真空中の電波の速度	c	3×10^{8}〔m/s〕
クーロンの法則の比例定数	k	9×10^{9}〔N・m^{2}/C^{2}〕
真空中の誘電率	ε_0	8.85×10^{-12}〔F/m〕
真空中の透磁率	μ_0	$4\pi\times10^{-7}$〔H/m〕

■ ギリシャ文字の読み方と用途

ギリシャ文字	読み方	用途
α	アルファ	ベース接地の電流増幅率
β	ベータ	エミッタ接地の電流増幅率，帰還率
γ	ガンマ	リプル含有率(リプル率)
Γ (大文字)	ガンマ	電圧反射係数
δ	デルタ	電圧変動率
Δ (大文字)	デルタ	微小変化を表す記号
ε	イプシロン	誘電率
η	イータ	効率
θ	シータ	位相角，位相差，角度
λ	ラムダ	波長
μ	ミュー	透磁率，FETの増幅率
π	パイ	円周率
ρ	ロー	抵抗率
Φ (大文字)	ファイ	磁束
ω	オメガ	角周波数

Γ，Δ，Φ以外の文字は小文字.

■ 憶えるべき数値

$\pi\fallingdotseq3.14$　$\pi^{2}\fallingdotseq10$　$\sqrt{2}\fallingdotseq1.41$　$\sqrt{3}\fallingdotseq1.73$

$\log_{10}2\fallingdotseq0.3$　$\log_{10}3\fallingdotseq0.48$　$\log_{10}10=1$

ニアマ対応

■ 計算法則

(1) 交換法則：$a+b=b+a$，$ab=ba$

〔例〕$5+6=6+5$，$5\times6=6\times5$

(2) 結合法則：$(a+b)+c=a+(b+c)$，$(ab)c=a(bc)$

〔例〕$(2+3)+4=2+(3+4)$，$(2\times3)\times4=2\times(3\times4)$

(3) 分配法則：$a(b+c)=ab+ac$，$(b+c)a=ba+ca$

〔例〕$4(1+3)=4\times1+4\times3$，$(4+2)\times3=4\times3+2\times3$

■ 分数の計算

(1) 足し算：$\dfrac{a}{c}+\dfrac{b}{c}=\dfrac{a+b}{c}$　〔例〕$\dfrac{1}{4}+\dfrac{2}{4}=\dfrac{1+2}{4}=\dfrac{3}{4}$

$\dfrac{a}{b}+\dfrac{c}{d}=\dfrac{ad+cb}{bd}$　〔例〕$\dfrac{1}{3}+\dfrac{1}{6}=\dfrac{2+1}{6}=\dfrac{3}{6}=\dfrac{1}{2}$

(2) 引き算：$\dfrac{a}{c}-\dfrac{b}{c}=\dfrac{a-b}{c}$　〔例〕$\dfrac{2}{3}-\dfrac{1}{3}=\dfrac{2-1}{3}=\dfrac{1}{3}$

$\dfrac{a}{b}-\dfrac{c}{d}=\dfrac{ad-cb}{bd}$　〔例〕$\dfrac{1}{3}-\dfrac{1}{6}=\dfrac{2-1}{6}=\dfrac{1}{6}$

(3) 掛け算：$\dfrac{a}{b}\times\dfrac{c}{d}=\dfrac{ac}{bd}$　〔例〕$\dfrac{1}{2}\times\dfrac{2}{3}=\dfrac{2}{6}=\dfrac{1}{3}$

(4) 割り算：$\dfrac{a}{b}\div\dfrac{c}{d}=\dfrac{a}{b}\times\dfrac{d}{c}=\dfrac{ad}{bc}$　〔例〕$\dfrac{1}{2}\div\dfrac{2}{3}=\dfrac{1}{2}\times\dfrac{3}{2}=\dfrac{3}{4}$

(5) 比例計算：$\dfrac{a}{b}=\dfrac{c}{d}$ならば，$ad=bc$

〔例〕$\dfrac{3}{5}=\dfrac{6}{x}$ならば，$3\times x=5\times6$，$\therefore\ x=\dfrac{30}{3}=10$

■ 乗法公式

(1) $(a+b)^2=a^2+2ab+b^2$

(2) $(a-b)^2=a^2-2ab+b^2$

(3) $(a+b)(a-b)=a^2-b^2$

■ 三角関数

$$\sin\theta=\frac{b}{c}$$

$$\cos\theta=\frac{a}{c}$$

$$\tan\theta=\frac{b}{a}$$

$$\sec\theta=\frac{1}{\cos\theta}=\frac{c}{a}$$

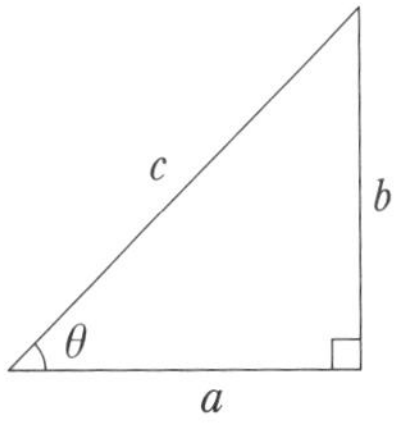

$a^2+b^2=c^2$（ピタゴラスの定理）

■ 平方根の計算

2乗すると a になる数 x，すなわち $x^2=a$ を満たす x を a の平方根（又は2乗根）という．

$a>0$，$b>0$，$k>0$ のとき，次式が成立する．

$(\sqrt{a})^2=a$，$\sqrt{a^2}=a$，$\sqrt{a}\sqrt{b}=\sqrt{ab}$，$\dfrac{\sqrt{a}}{\sqrt{b}}=\sqrt{\dfrac{a}{b}}$，$\sqrt{k^2a}=k\sqrt{a}$，

$$\frac{1}{\sqrt{a}}=\frac{\sqrt{a}}{\sqrt{a}\sqrt{a}}=\frac{\sqrt{a}}{a}$$

〔例〕

(1) 25の平方根は $+5$ と -5

(2) $\sqrt{225}=\sqrt{15^2}=15$

(3) $-\sqrt{256}=-\sqrt{16^2}=-16$

(4) $\dfrac{100}{\sqrt{2}}=\dfrac{100\times\sqrt{2}}{\sqrt{2}\times\sqrt{2}}=\dfrac{100\sqrt{2}}{2}=50\sqrt{2}$

ニアマ対応

■　指数の計算

(1) $a^m a^n = a^{m+n}$　　〔例〕$10^3 10^5 = 10^{3+5} = 10^8$

(2) $(a^m)^n = a^{mn}$　　〔例〕$(2^3)^2 = 2^6 = 64$，$9^{1.5} = (3^2)^{1.5} = 3^3 = 27$

(3) $(ab)^n = a^n b^n$　　〔例〕$(2 \times 4)^2 = 2^2 \times 4^2 = 4 \times 16 = 64$

(4) $a^{-n} = \dfrac{1}{a^n}$　　〔例〕$10^{-3} = \dfrac{1}{10^3}$

(5) $a^0 = 1$　　〔例〕$3^0 + 2^{-2} = 1 + \dfrac{1}{2^2} = 1 + \dfrac{1}{4} = \dfrac{5}{4}$

■　対数の計算

$a > 0$，$a \neq 1$ のとき，$y = \log_a x$ を対数関数という．a を底，$x (> 0)$ を真数という．$a = 10$ の対数を常用対数という．

(1) $y = \log_a x \quad \Leftrightarrow \quad x = a^y$

(2) $\log_{10} x^n = n \log_{10} x$

(3) $\log_{10} xy = \log_{10} x + \log_{10} y$

(4) $\log_{10} \dfrac{x}{y} = \log_{10} x - \log_{10} y$

〔例〕

(1) $\log_{10} 1 = 0$　　(2) $\log_{10} 10 = 1$　　(3) $\log_{10} 100 = \log_{10} 10^2 = 2 \log_{10} 10 = 2$

(4) $\log_{10} 6 = \log_{10} (2 \times 3) = \log_{10} 2 + \log_{10} 3 = 0.3 + 0.48 = 0.78$

(5) $\log_{10} 5 = \log_{10} \dfrac{10}{2} = \log_{10} 10 - \log_{10} 2 = 1 - 0.3 = 0.7$

(6) $\log_{10} 2 = 0.3$を覚えていれば，$10^{0.3} = 2$となり，次のような計算ができる．

(a) $10^{0.6} = 10^{(0.3+0.3)} = 10^{0.3} \times 10^{0.3} = 2 \times 2 = 4$

（又は，$10^{0.6} = (10^{0.3})^2 = 2^2 = 4$）

(b) $10^{0.9} = (10^{0.3})^3 = 2^3 = 8$

(c) $10^{1.7}=10^{(2-0.3)}=10^2\times10^{-0.3}=\dfrac{10^2}{10^{0.3}}=\dfrac{100}{2}=50$

(d) $10^{2.6}=10^{(2+0.3+0.3)}=10^2\times10^{0.3}\times10^{0.3}=100\times2\times2=400$

■ dB

電力増幅度を A_p(真数)とすると，dB表示は，$10\log_{10}A_p$〔dB〕

電圧増幅度を A_v(真数)とすると，dB表示は，$20\log_{10}A_v$〔dB〕

比	1/2	1	2	3	4	5	10	20	100
電力〔dB〕	−3	0	3	4.8	6	7	10	13	20
電圧〔dB〕	−6	0	6	9.6	12	14	20	26	40

比：$\dfrac{\text{出力電力}}{\text{入力電力}}$，又は，$\dfrac{\text{出力電圧}}{\text{入力電圧}}$ を表す.

電力〔dB〕：$\dfrac{\text{出力電力}}{\text{入力電力}}$ を〔dB〕表示した値を表す.

電圧〔dB〕：$\dfrac{\text{出力電圧}}{\text{入力電圧}}$ を〔dB〕表示した値を表す.

【著者紹介】

吉村和昭（よしむら・かずあき） 博士(工学)

学　歴　東京商船大学大学院博士後期課程修了

職　歴　東京工業高等専門学校
桐蔭学園工業高等専門学校
桐蔭横浜大学工学部電子情報工学科
芝浦工業大学工学部電子工学科・機械工学科(非常勤)
国士舘大学理工学部電子情報学系(非常勤)
総務省認定　無線従事者養成課程講習会講師
(株)QCQ 企画主催「一アマ」国家試験　直前対策講習会講師

第一級アマチュア無線技士
第一級総合無線通信士
第一級陸上無線技術士

第二級アマチュア無線技士国家試験
計算問題突破塾 第2集

2021年11月20日　第1版1刷発行　ISBN 978-4-501-33470-3 C3055

著　者　吉村和昭

発行所　学校法人 東京電機大学　〒120-8551 東京都足立区千住旭町5番
東京電機大学出版局　Tel. 03-5284-5386(営業) 03-5284-5385(編集)
Fax. 03-5284-5387 振替口座 00160-5-71715
https://www.tdupress.jp/

編集：(株)QCQ 企画　キャラクターデザイン：いちはらまなみ
印刷：新灯印刷(株)　製本：誠製本(株)　装丁：齋藤由美子
落丁・乱丁本はお取り替えいたします。　Printed in Japan